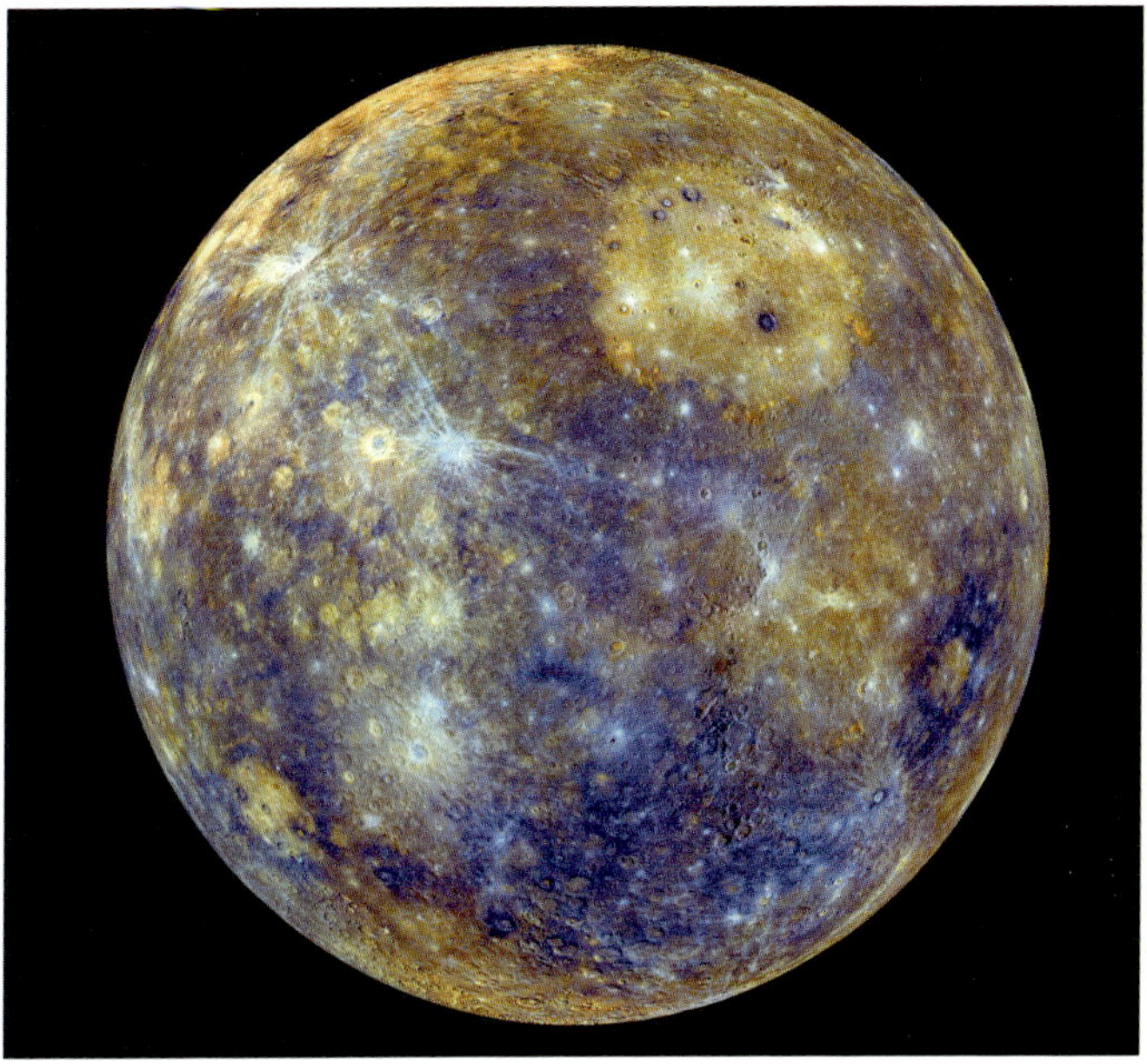

口絵①　メッセンジャー探査機によるデータから
地質学的な差を強調して着色した水星の画像

口絵②
カロリス盆地

口絵③　マゼラン探査機がレーダー観測で明らかにした金星の素顔

口絵④　マゼラン探査機のレーダー観測データから合成された金星の高さ８kmほどのマート山の鳥瞰図（縦方向は22.5倍に縮尺を拡大）。溶岩流の形跡がわかる

口絵⑤　静止衛星から撮影された2012年5月21日の地球。
日本で金環日食を起こした月の影がはっきり見える

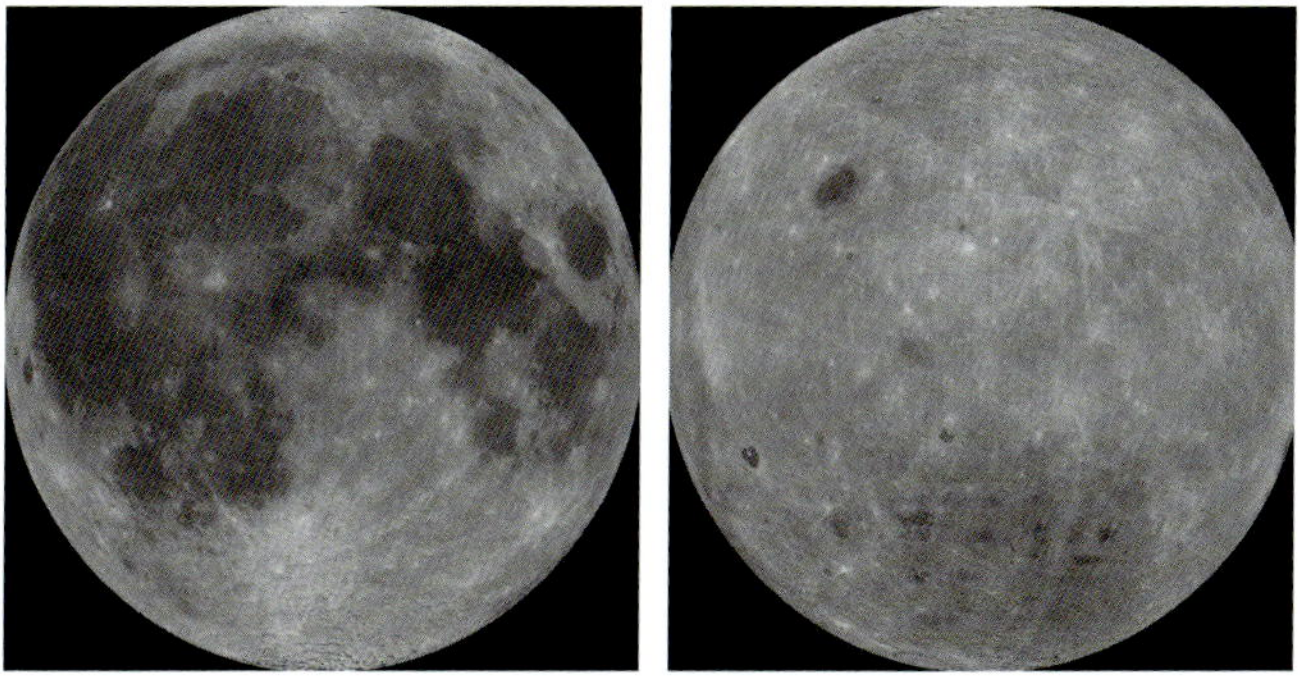

口絵⑥　月探査機クレメンタインが撮影した月の表（左）と裏。
裏は表に比べて海がほとんどない

口絵⑦　ハッブル宇宙望遠鏡が捉えた通常の火星（左）と大規模な砂嵐に覆われた火星

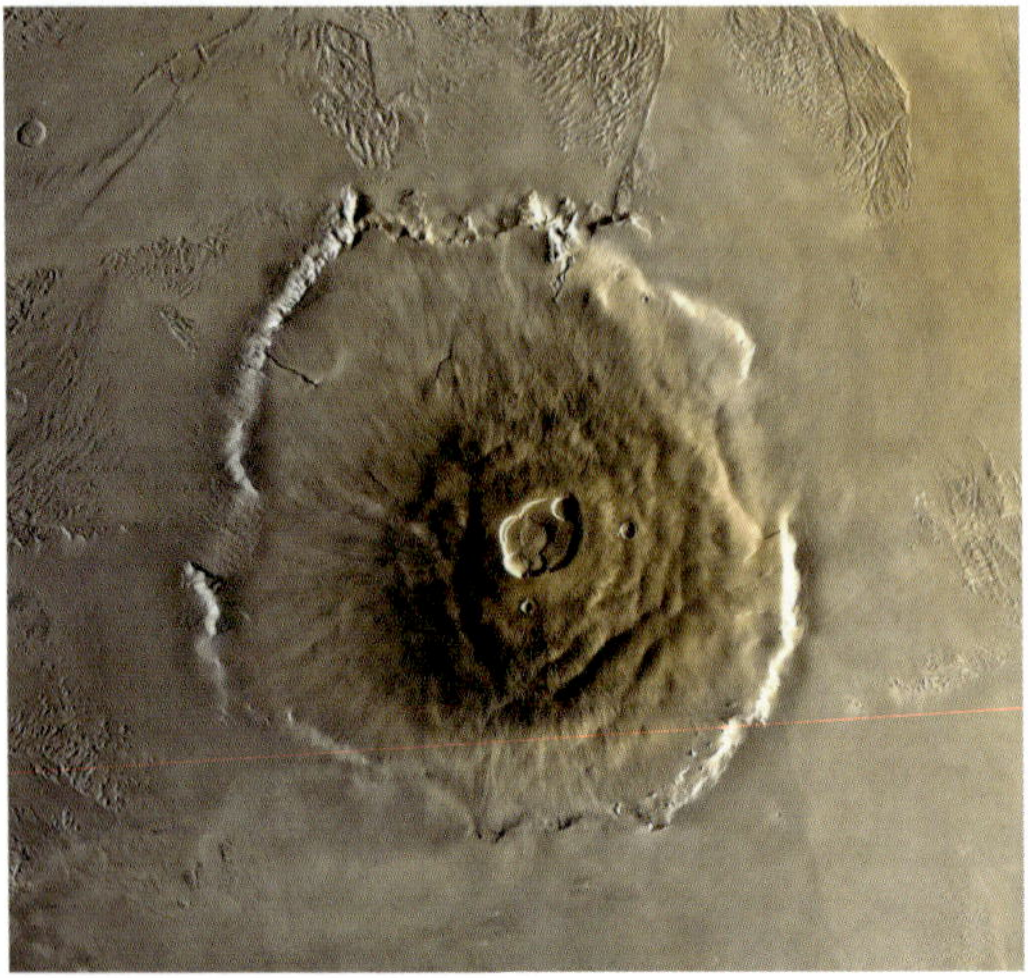

口絵⑧　バイキング探査機が捉えた太陽系最大の火山・オリンポス山

口絵⑨　ボイジャー２号が捉えた木星と大赤斑

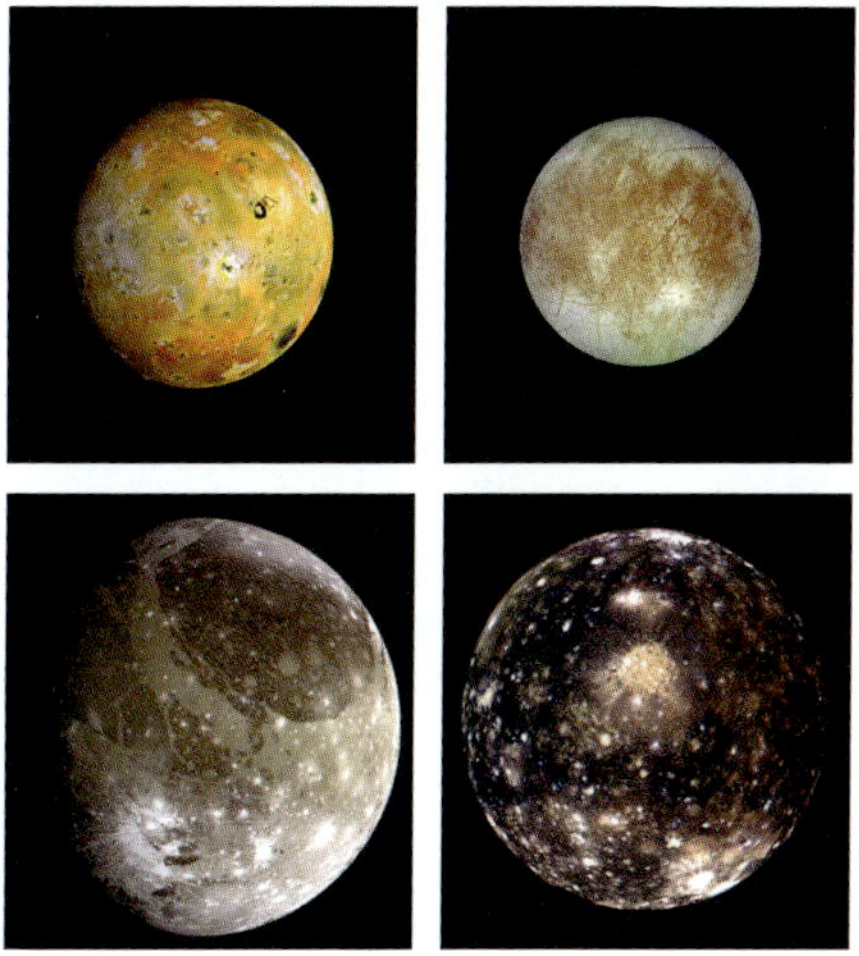

口絵⑩
ガリレオ衛星の素顔
イオ（左上）
エウロパ（右上）
ガニメデ（左下）
カリスト（右下）

口絵⑪　土星探査機カッシーニが捉えた土星

口絵⑫　巨大なクレーターがある土星の衛星ミマス

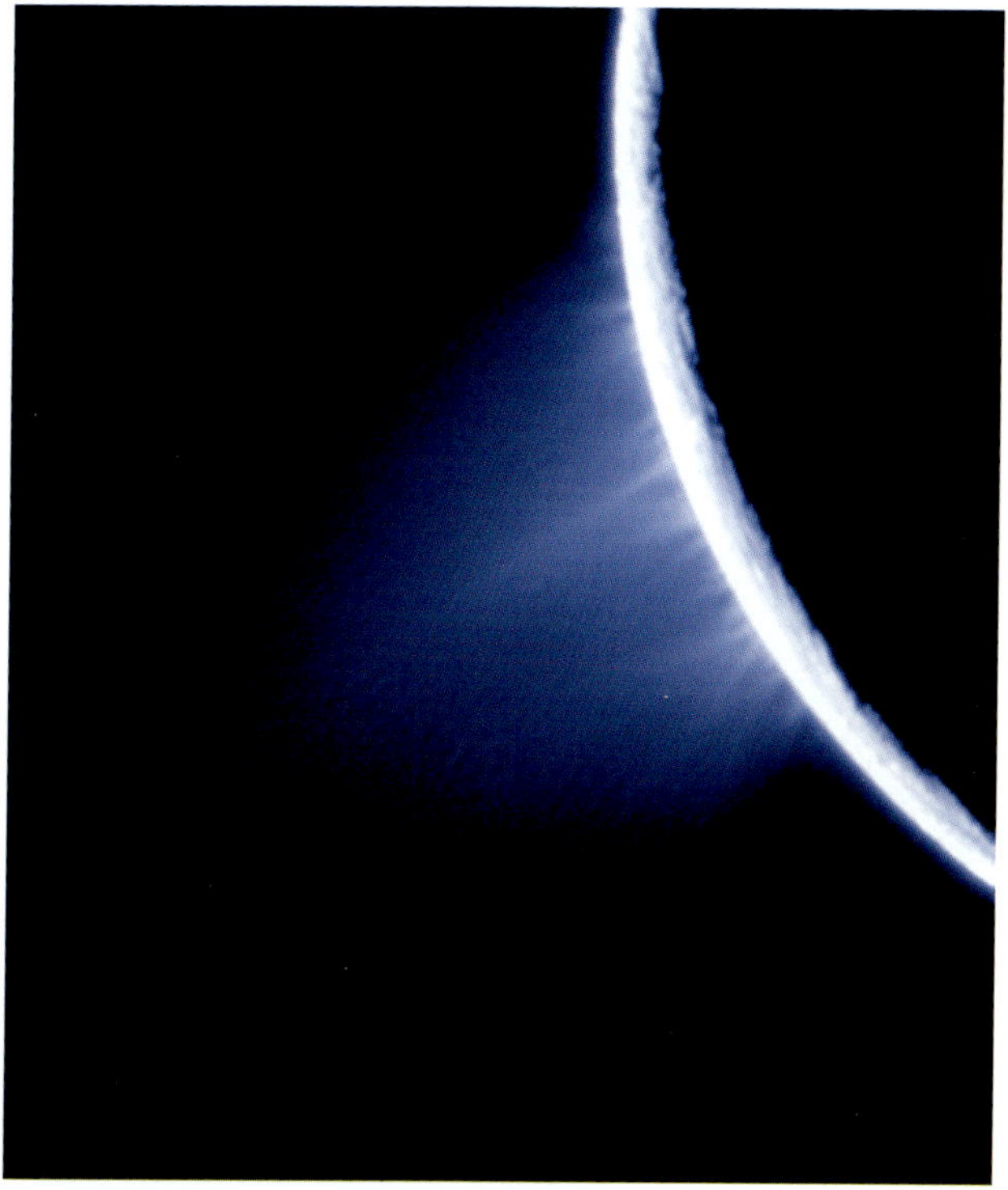

口絵⑬　カッシーニ探査機が捉えた土星の衛星エンケラドゥスから吹き上がる間欠泉の様子

口絵⑭　カッシーニ探査機が捉えた土星の衛星ヒペリオンのスポンジのような表面

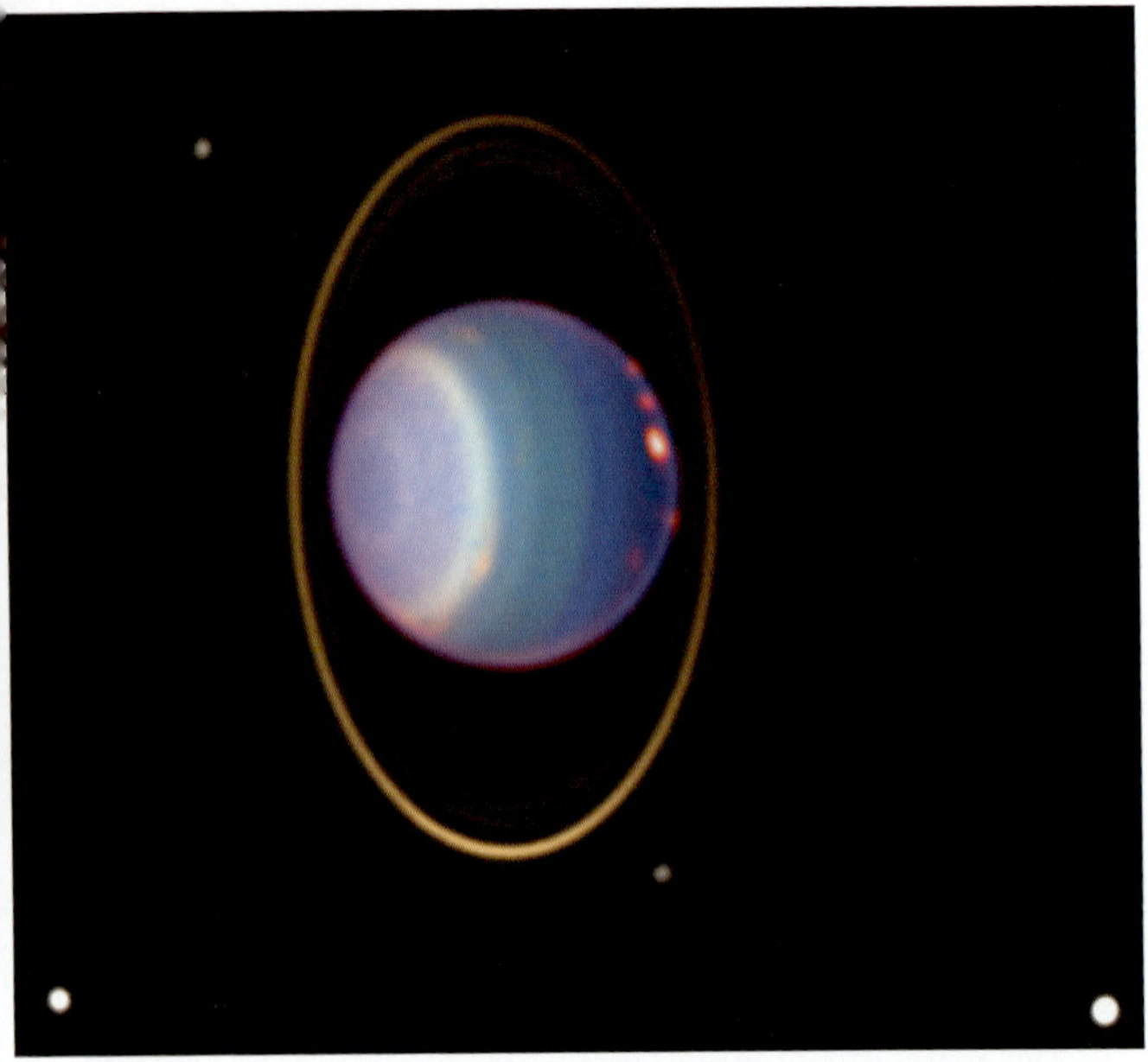

口絵⑮　ハッブル宇宙望遠鏡が近赤外線で捉えた横倒しの天王星と環

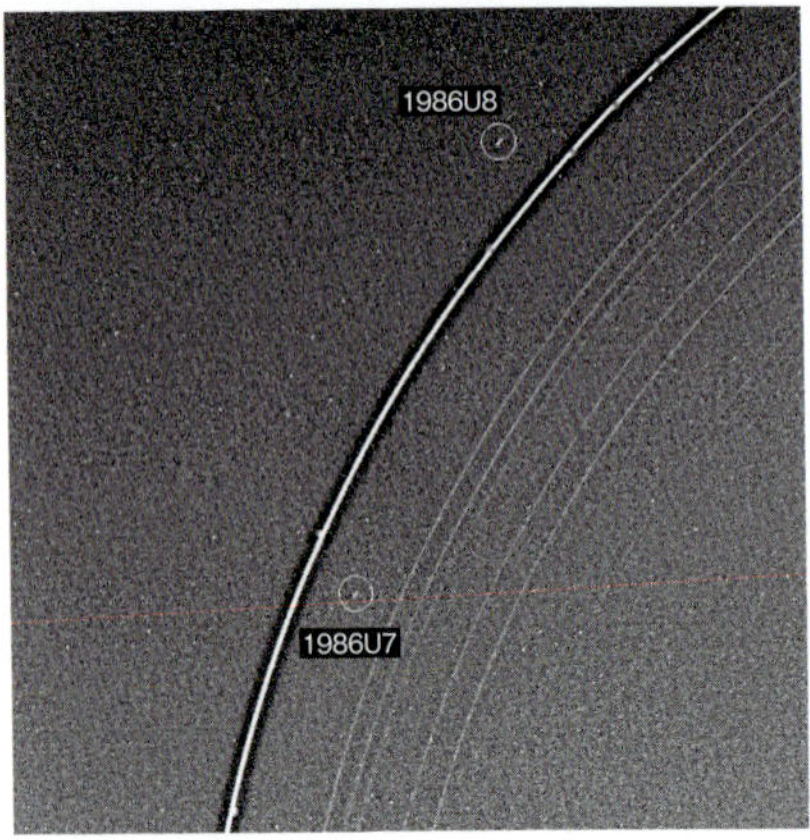

口絵⑯　ボイジャー２号が捉えた二つの羊飼い衛星と細い環

朝日新書
Asahi Shinsho 574

最新 惑星入門

渡部潤一
渡部好恵

朝日新聞出版

口絵①②NASA/Johns Hopkins University Applied Physics Laboratory/Carnegie Institution of Washington

口絵③④⑧⑯⑱ NASA/JPL

口絵⑤ PHL@UPR Arecibo,NASA,EUMETSAT, NERC Satellite Receiving Station, University of Dundee

口絵⑥ NASA/JPL/USGS

口絵⑦ NASA, James Bell (Cornell Univ.), Michael Wolff (Space Science Inst.), and the Hubble Heritage Team (STScI/AURA)

口絵⑨ NASA/JPL/USGS

口絵⑩ NASA/JPL/DLR

口絵⑪⑬⑭ NASA/JPL/Space Science Institute

口絵⑫ NASA/JPL-Caltech/Space Science Institute

口絵⑮ NASA/JPL/STScI

口絵⑰ 和歌山市・津村光則氏

口絵⑲ NASA/JPL/STScI

口絵⑳ NASA/JPL/USGS

口絵㉑㉒㉓ NASA/Johns Hopkins University Applied Physics Laboratory/Southwest Research Institute

口絵㉔ 国立天文台

口絵㉕ ESA/Rosetta/MPS for OSIRIS Team MPS/UPD/LAM/IAA/SSO/INTA/UPM/DASP/IDA

口絵㉖ NASA/JPL-Caltech/UCLA/MPS/DLR/IDA

口絵㉗ Y. Beletsky (LCO)/ESO

口絵㉘ Caltech/R. Hurt (IPAC); [Diagram created using WorldWide Telescope.]

最新　惑星入門　目次

第一章　太陽系とは　11

第一章　太陽系とは

太陽系。それは、私たちの住む地球を含む、太陽を中心とした天体群です。この章では、太陽系を概観した後、この太陽系がどのように解き明かされてきたのか、そして、どのように誕生したかを紹介しましょう。

太陽系の概要

太陽系。それはわれわれが住んでいる地球を含む惑星系のことです。太陽系の中心には、恒星（自ら発光する天体）である太陽が輝いています。そして、その周りには個性豊かな8つの惑星があるのに加えて、かつて惑星になりかけたものの、惑星にまで成長できなかった小惑星や彗星などの多数の小天体、惑星の周りを回る衛星、惑星間空間塵《じん》と呼ばれる小さな塵《ちり》などがあります。

太陽系のほとんどの質量は、中心の太陽が担っています。その割合は、99％以上。太陽系は、ほとんど太陽と言っても過言ではありません。惑星を含めて、他の天体をすべてあわせても、太陽の質量の100分の1にも満たないのです。質量が大きいということは、それだけ引力が大きいということを意味します。太陽系で、いかに太陽が大きく、他の様々な天体を支配しているかがわかるでしょう。

太陽系の基本をなす天体が惑星です。太陽系には8つの惑星があります。惑星は国際天文学連合によって、

（1）太陽の周りを公転し、
（2）十分な質量があって、自分の重力が強いため、その形がほぼ球形となっていて、

惑星と公転軌道

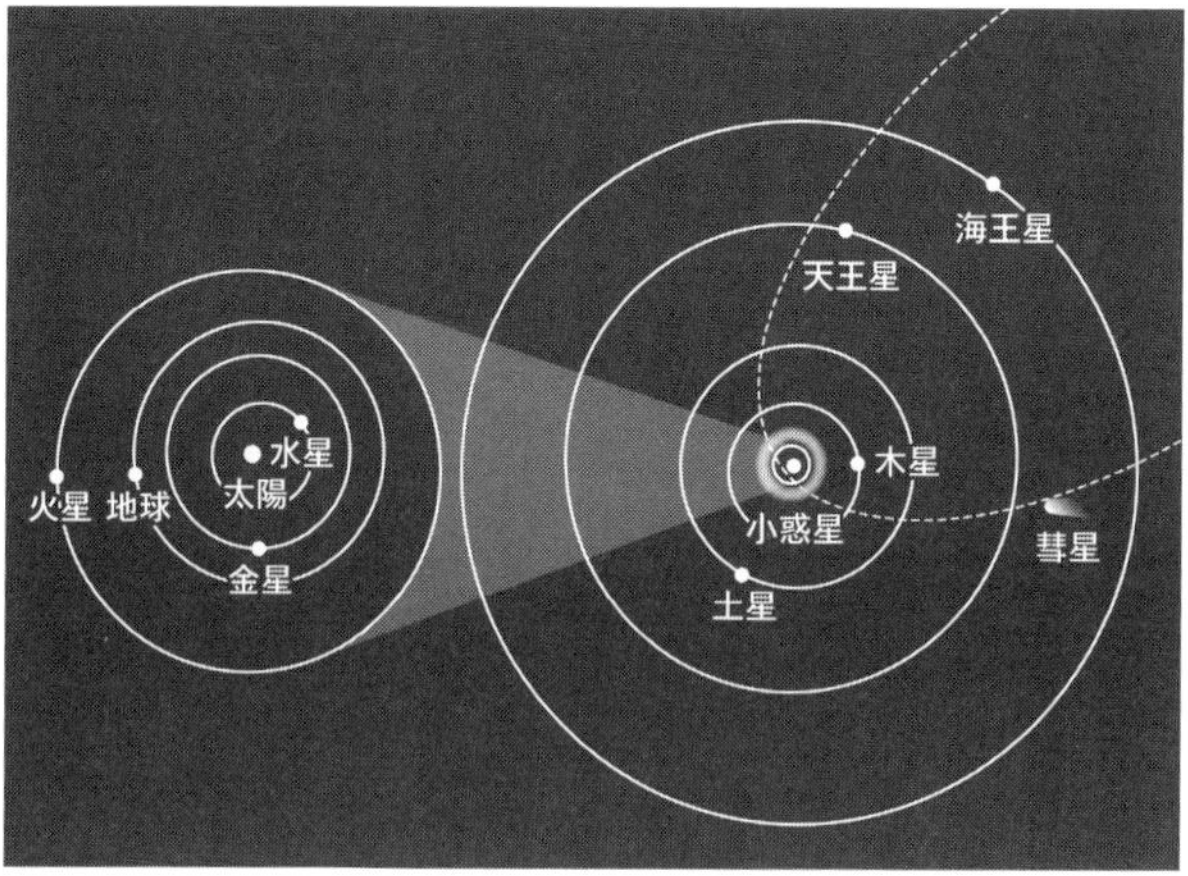

（3）軌道の周囲から、その引力によって他の天体を一掃してしまったもの

と定義されています。その軌道付近には、同じような大きさの他の天体が存在しないような状況になっているわけです。この定義に従うと、太陽系の惑星は、太陽に近い順に水星、金星、地球、火星、木星、土星、天王星、海王星の8つとなります。

このうち、太陽に近い4つの惑星：水星、金星、地球、火星は主に岩石からできています。地球と似ていることから、地球型惑星と分類しています。一方、外側の4つの惑星：木星、土星、天王星、海王星は岩石よりもガスや氷が多い惑星です。これをまとめて木星型惑星と呼んでいます。ただ、内部の構造はかなり異なりますので、しばしば、さらに細かく分けることがあり、木星と土星を巨大ガス惑星、天王星と海王星を巨大氷惑星と呼ぶことがあるのです。木星や土星が太陽と同じように、水素やヘリウムが主成分なのに対して、天王星や海王星は巨大な氷の核を持っているからです。

太陽系の惑星は、太陽の赤道面に近い、ひとつの平面に近い場所を公転しています。地球の軌道面は黄道面と呼ばれていますが、ほとんどの惑星の軌道面は、黄道面に近いのです。これは、後に紹介するように、もともと太陽系の惑星が、太陽の周りにできたガスと塵の円盤から生まれたため、その円盤の平面に沿って公転しているからです。

惑星以外の天体も、決してランダムに存在しているわけではありません。地球型惑星の存在領域と木星型惑星の存在領域の間、つまり火星と木星の間には、主に岩石からなる小天体がたくさん存在しています。軌道が決まった小惑星は、すでに四十万個を超えています。この領域を小惑星帯（メインベルト）と呼んでいます。さらに、木星型惑星の存在する領域の外側、つまり海王星の外側には、氷を含んだ小天体群が存在する領域があり、太陽系外縁天体と呼ばれています。歴史的に、その存在を提唱した天文学者の名前から、エッジワース・カイパーベルト天体、あるいはカイパーベルト天体と呼ぶこともあります。

これらの小天体も黄道面に沿って公転しているものがほとんどですが、なかには大きく傾いた天体もあります。

ところで、これらの小天体群の中には、惑星に準じるほど大きな天体もあります。かつて第9惑星とされていた冥王星は、太陽系外縁天体に属していて、いまでは冥王星よりも大きな天体も見つかりつつあります。こういった天体は、同じような軌道を辿る天体の群れの中にあるために、国際天文学連合による惑星の定義の三条件のうち、（3）を満たしません。そのため、これらの天体を準惑星（Dwarf Planet）と呼んでいます。

小惑星帯の中で最も大きなケレスと、太陽系外縁天体の中の冥王星とエリス、マケマケ、ハウメアの4天体が、現在のところ準惑星に分類されています。太陽系外縁天体のうち、準惑星に分類される天体を、特に冥王星型天体と呼んでいます。

惑星や準惑星以外の天体は、まとめて太陽系小天体（Small Solor System Bodies）と呼ばれています。小惑星、彗星、太陽系外縁天体、惑星間空間塵の大部分が含まれます。

惑星以外の小天体も、きわめて個性派揃いです。彗星は、氷をはじめとする揮発性物質が含まれる小天体で、太陽に近づくとそれらが蒸発する天体です。大型の彗星だと、揮発性物質の蒸発と一緒に、細かな塵を放出して、それが太陽光で照らされる尾をつくり、掃除に使うほうきに似ているので、ほうき星とも呼ばれます。一般に軌道が細長く、放物線や弱い双曲線軌道を描くものもあります。天文学的には、その天体を観測したとき、その小天体から蒸発していると思われる、なんらかの兆候があるものを彗星、それが確認されない恒星状のものを小惑星と定義しています。しかし、最近では、その区別はあいまいになりつつあります。軌道から見ると明らかに小惑星帯に属するのに、彗星的な活動があるものや、彗星のような軌道を持ちながら蒸発が見られない小惑星などが発見されているからです。

ところで、地球の周りを回る月のように、惑星の周りを回る天体を衛星と呼びます。水星と金星にはありませんが、木星型惑星には衛星が多数存在します。木星型惑星の衛星は、惑星に近い内側のものは惑星の自転方向と同じ向きに公転しています。しかし、惑星から遠い外側には、逆向きで回る逆行衛星群があります。最近では、小惑星などにも衛星が発見されています。

通常は衛星とは呼びませんが、木星型惑星の４つには、すべて小さな氷や砂粒からなる環（リング）が存在します。こうした環の中で、小口径望遠鏡でも見えるのは土星の環だけです。木星、天王星、海王星の環は、土星の環に比べると圧倒的に細く、含まれる構成物質の量もきわめて少ない状態です。

太陽系の小天体でも、大きさが１㎜以下の惑星間空間塵ほど小さな天体になると、重力だけでなく、太陽からの光の圧力や電磁気的な力などが働くようになり、軌道は安定しなくなります。惑星間空間塵は、彗星や小惑星から生まれると考えられていて、一般に黄道面に集中しているとされています。

さて、ここまでが現在、われわれが認識している太陽系の姿です。しかし、これはあくまで、現時点でのものです。いまでも太陽系外縁天体の群れの外側には、未知の天体があると考えられており、それが地球よりも大きいとする説もあります。現在でも、太陽系は、その全体像が完全にわかっているわけではありません。そのことを理解するためには、まず、これまで太陽系がどのように認識されてきたのかを知っておく必要があります。

太陽系は、どのように認識されてきたのか

肉眼の時代

宇宙を眺める手段が肉眼しかなかった16世紀までは、われわれ太陽系の天体は両手で足りるほどの数しかありませんでした。太陽と月、そして水星、金星、火星、木星、土星の7つです。これらは、お互いに相互の位置を変えることのない、つまり星座を形作る恒星たちの間を動いていく天体であり、〝惑う〟星という意味で、惑星と呼ばれていました。惑星（planet）の語源をさかのぼれば、もともとギリシア語のplanetes：さまようもの、に由来しています。

人類は、月や太陽を基準として様々な暦を編み出していきましたが、同時にこれらの惑星たちもきわめて特別視されました。なにしろ、感覚的には大地は動いていない一方で、見上げた夜空には星座がぐるぐる回り、その星座の中を彷徨《さまよ》うが如くに惑星が動いていたのですから、

それが何らかのメッセージを持っていると考えても不思議ではありませんでした。いずれにしろ、宇宙の中心には地球があると考える天動説がギリシア時代には確立していきました。そして、惑星もすべて地球の周りを回っていると考えられたのです。地球に最も近いところを回るのが月であり、そのスピードは、すべての惑星の中で最速でした。なにしろ、ほぼ1ヶ月で一周してしまうのです。さらに行きつ戻りつしながらも1年弱で地球の周りをめぐるのが水星、金星、そして太陽です。真夜中に見える火星は2年強、木星は12年、土星は30年弱かかります。地球からの距離の順番が、それぞれのスピードに対応しています。そして地球から最遠方には恒星天（動かない星々の世界）がありました。

恒星天を除いた7つ（水星、金星、火星、木星、土星の5つの惑星と、太陽と月）の位置が、運命論的に世界を支配している、あるいは人生を決めているといった考え方が、今日の占星術に繋がっています。また、この天動説に基づいて決められたのが現在の曜日です。一日24時間のそれぞれに天動説で遠い順に惑星を当てはめていき、7日間の1時間目の惑星を取り出したものが、現在の曜日の順番となっているのです。

天動説は次第に精緻を極めていきます。単純に地球を中心に回っているだけだと、例えば火星、木星、土星が真夜中に見える時期の動き（逆行運動）の説明ができません。真夜中に見える時期になると、星座の間を西から東へ動く順行ではなく、東から西へ戻るように逆向きに動く時期があるのです。これを説明するために、惑星は地球を中心とした大きな円（従円）の円周上にある一点を中心とする小さな円（周転円）の円周上を動く、と考えました。円を2つ組み合わせることで、複雑に見える惑星の逆行運動を説明したわけです。それだけでなく、地球の位置をずらしたりと様々な工夫を加えながら、精密化していきました。これらの天動説は中世にアラビアの天文学者に引き継がれ、さらに精密なものとなっていきます。

ところが、正確な惑星の位置観測が進むにつれ、精密な天動説でも次第に破綻していきます。どんなに工夫しても天動説で説明するのは難しくなってきたのです。そこで登場したのが、地球ではなく、太陽を中心にした運動の考え方、すなわち地動説です。その方がよりシンプルに世界を表現できるのではないかと考えたのが、ポーランドの天文学者コペルニクスでした。彼は「天球の回転について」で地動説を登場させたのです。地動説は、当時の天動説を（すなわちキリスト教の教義を）真っ向から否定する理論であり、当初はこの説の支持を公言することさえ憚《はばか》られるほどでした。イタリアの物理学者・天文学者ガリレオ・ガリレイが、自作の望遠鏡で月や木星、太陽などを観察し、地動説を支持したため、宗教裁判にかけられたのは周知の通りです。詳細は省略させていただきますが、その後、ケプラーやニュートンの登場により、地動説は時間をかけて、次第に広く認められていきました。こうして地球は金星と火星の間にある惑星のひとつとなったのです。宇宙の中心は地球から太陽にとって代わり、同時に月は地球の衛星として位置づけられました。この時点で太陽系の惑星は水星、金星、地球、火星、木星、土星の6つとなり、最も遠い土星までの距離は（もちろん当時はわかっていませんでしたが）約15億㎞でした。

天体望遠鏡の時代

17世紀初めに発明された望遠鏡によって、人類は肉眼を超えた宇宙を垣間見ることができるようになりました。なにしろ、遠くのものが近くに見えるし、肉眼で微かにさえ見えない星が見えてくるのです。ガリレオは、その天体望遠鏡を用いた観測結果から、地動説を確信していきますが、次第に進化を遂げていった天体望遠鏡は、18世紀になると思いがけない発見をもたらします。それがイギリスの天文学者ウィリアム・ハーシェルによる天王星の発見でした。

天王星について、もともと、ハーシェル自身は彗星ではないかと考えていましたが、すでに可能になっていた軌道計算によって、土星の外側を大きく円軌道で回る未知の惑星であることが判明したのです。太陽から天王星までの距離は約30億㎞となり、この時点で、われわれの太陽系は、ほぼ2倍に広がったことになるのです。

さらに発見は続きます。この時期には、ニュートンの万有引力の法則はすでに計算に応用されるようになっていたため、天王星の軌道計算が精力的に行われました。ところが19世紀になると、予測位置と実際の観測位置がどんどんずれていってしまいました。そして、天王星に大きな影響を及ぼすような未知の惑星が、まだ遠方にある、という仮説が浮上します。この仮説をもとに捜索した結果、後に海王星と命名されることになる新惑星が発見されたのです。こうして、太陽系はさらに1・5倍、約45億㎞にまで広がったのです。

写真技術の導入

海王星の発見後、太陽系がさらに広がるには、新しい技術革新が必要でした。それが写真、すなわち光の量を光が当たることで変化した化学物質の量として記録する手法です。この写真技術が天体観測に導入され、天文学者の宇宙を見る方法は大きく変わりました。天文学者は天体望遠鏡を自らの目で覗《のぞ》くかわりに、写真乾板に光を蓄積し、それをルーペで調べるようになったのです。何時間も露出をかけ、乾板上に銀粒子として蓄積することで、より微かな光、すなわちより遠くの天体を捉えることが可能となりました。

この写真技術を未知の惑星捜索に導入したのが、アメリカの大富豪パーシバル・ローウェルでした。19世紀末、アリゾナ州フラッグスタッフの高地に、惑星を研究するローウェル天文台を設立し、未知の惑星捜索に乗りだしました。彼自身は発見を果たせませんでしたが、彼の遺志を引き継いだクライド・トンボーが冥王星を発見します。1930年のことでした。

ただ、発見された冥王星の軌道は思いがけないものでした。軌道がかなり大きく歪《ゆが》んでおり、内側の海王星の軌道にまで食い込んでいただけでなく、黄道面から17度も傾いていたのです。そのため本当に惑星なのか、と疑う声もないわけではありませんでしたが、かといって彗星のような小天体でないことは明らかで、当時は地球ほどの大きさがあると考えられていました。こうして、冥王星は最果ての惑星に落ち着き、太陽系は約60億㎞にまで広がったわけです。

電子撮像技術の導入と冥王星の仲間の発見

20世紀後半、さらに革新的な技術が天文学に導入されました。光を化学変化で蓄積する写真にかわって登場したデジタル撮像技術、つまり半導体を用いて、光を電子に変えて蓄積するCCD素子の発明です。これによって、写真時代には見えなかった、さらに遠くの微かな天体が見え始めたのです。

そして、1992年。このCCD素子を利用して、ハワイ大学のデイビッド・ジューイットらが、冥王星を大きく超えた軌道を持つ最初の小惑星1992QB1を発見しました。その後、同様の天体が続々と発見され、現在その数は数千個を超えています。その存在を予想した天文学者の名前から、「エッジワース・カイパーベルト天体（EKBO）」と呼ばれていますが、現在では海王星よりも遠い天体という意味で「トランス・ネプチュニアン天体（TNO）」、日本では太陽系外縁天体と呼ばれています。

さて、ここで問題になったのが冥王星です。実は、太陽系外縁天体の軌道を調べると、冥王星と類似しているものが多数存在していたのです。つまり、冥王星は太陽系外縁天体のひとつだったわけです。冥王星には仲間がいたのです。さらに、やっかいな問題も表面化してきました。発見数が増えるにつれ、次第に大きな天体も見つかってきたのです。火星と木星の間にある小惑星帯で最大のケレスをあっさりと抜くものが続出し、いずれは冥王星を超える〝大物〟の小惑星が見つかるだろう、と関連分野の研究者は思い始めていました。もし、そうなったら「惑星よりも大きな小惑星」が誕生するという論理的にきわめて「おかしな」状況となってしまいます。そうなった場合、冥王星よりも大きな小惑星を新たな惑星と呼ぶかどうか、混乱するのは必至でした。

そして、21世紀になって、その時がやってきます。冥王星よりも大きな（後にエリスと命名される）太陽系外縁天体が発見されたのです。すわ第10惑星かと大騒ぎとなりましたが、そうしてしまうと、今後、次々に惑星が誕生する恐れがあります。国際天文学連合では、「惑星定義委員会」を立ち上げて、それまで明確ではなかった「惑星」をどう定義するかの原案作成を行いました。その骨子は、これまでの2分類（惑星か否か）ではなく、冥王星やエリスのような惑星と小惑星の間の中間的な天体の存在を認め、3分類（惑星、準惑星、小天体）にしたことです（拙著『新しい太陽系』（新潮新書）参照）。これによって、冥王星は準惑星かつ冥王星型天体というグループの代表となりました。いずれにしても大事なことは、こうした概念の変革とともに、太陽系外縁天体の分布として太陽系が約75億㎞にまで広がったことです。もちろん、大きく外側へと延びる軌道を持つ太陽系外縁天体もありますが、それらの近日点（太陽に最も近づく点）は、すべて約75億㎞までのドーナッツ状の範囲に収まっていました。こうした天体たちも、もともとは、このドーナッツ領域が生まれ故郷であることを物語っています。では、ここが太陽系の最果てなのでしょうか？

実は、ほとんどの天文学者がそうは思っていません。それは、これまで紹介したように太陽系が広がってきた歴史を見ても明らかです。技術革新によって、人類の宇宙を見る目が良くなればなるほど、太陽系が広くなってきた、いや正確に言えば太陽系の広がりが見えてきたのです。そして、それはいまでも続いているわけです。

例えば、２００３年に発見された、太陽系外縁天体セドナは、太陽系がさらに広がっていることを示す好例です。この天体は、いわゆる太陽系外縁天体のドーナッツ領域に帰ることなく、その外側を公転していることが判明した、はじめての天体です。その周期は約1万年であり、かつセドナは現在最も太陽に近い場所にあります。つまり、同じような天体がたくさんあっても、現在われわれが持っている観測技術では、発見できないと考えられるのです。さらに、既知の太陽系外縁天体の分布から、神戸大学の研究者たちやアメリカの研究者が、地球程度あるいは地球の10倍もあるような大きな天体、いわば惑星Xの存在を予想しています。まだまだ、太陽系には未知の天体が無数にあるに違いないのです。今後も太陽系の果てに未知の天体が発見されていくにつれ、広がっていくことは必定なのです。

深まりゆく太陽系1　小惑星の発見

観測技術が進むことで、同じ距離にあっても、より暗く、微かな、小さな天体が見えてくるようになり、従来、太陽系の惑星が存在していなかった領域にも小さな天体、すなわち太陽系小天体が続々と見つかっていきました。いわば、太陽系の地平線が広がっていった一方で、深まっていったとも言えるでしょう。

その代表は小惑星でした。天王星が発見された18世紀、実は天王星の外側だけでなく、その内側、特に火星と木星の間に注目が集まりました。もともと天王星の発見前から、惑星の太陽からの平均的な距離の配置が単純な法則で表せるのではないか、と提案されていました。ティティウス・ボーデの法則と呼ばれるものです。太陽と惑星の平均距離（天文単位＝地球と太陽との間の平均距離を1とする単位）rが、$r=(4+3\times2^n)/10$で表せるという法則です（**表参照**）。最初のnをマイナス無限大から始めるのがミソなのですが、水星、金星、地球、火星まで、この

表：ティティウス・ボーデの法則

惑星	n	平均軌道半径	$(4+3\times2^{n})/10$（天文単位）
水星	$-\infty$	0.39	0.4
金星	0	0.72	0.7
地球	1	1.00	1.0
火星	2	1.52	1.6
-	3	???	2.8
木星	4	5.2	5.2
土星	5	9.6	10.0
天王星	6	19.2	19.6
海王星	7	30.1	38.8

法則がぴったりと当てはまります。ですが不思議なことに、その次がありません。火星と木星の間が妙に大きく離れており、対応する惑星がないのです。そこで、一つとばして計算してみると、こんどは木星、土星についてはやはり一致します。さらに天王星が発見されるや、それがn＝6の場所にぴたりと一致しました。つまり天王星がr＝19・6天文単位付近に発見されたことで、この法則は一挙にクローズアップされたのです。

そうなると、当然ながら空白であるn＝3の場所、つまり火星と木星の間にも未知の惑星があるのではないかとの期待が高まったわけです。18世紀末には、いくつかの天文学者のグループが、こぞってn＝3付近にあるであろう惑星探しを始めました。

その栄冠を手にしたのは、イタリアの天文学者ピアジでした。1801年の元日の夜に、新しい天体を発見しました。その天体があった場所は、まさにティティウス・ボーデの法則でn＝3に対応する位置だったことから、すわ新惑星の発見か、と大騒ぎになりました。この新惑星候補はローマ神話の女神の名前からケレス（英語読みではセレス）と命名されました。

ところが、この新惑星発見という興奮は長続きしませんでした。翌年には、同じような場所にパラス、1804年にジュノー、1807年にはベスタと続々と発見されていったからです。ケレスを含め、これらの天体はいずれも天体望遠鏡の倍率をどんなに上げても、恒星と同じように点にしか見えませんでした。つまり、他の惑星のように大きさが認識できなかったのです。その上、みな一様に暗かったため、どれもサイズが小さい天体だと思われました。天王星の発見者であるハーシェルは、これらの天体を惑星ではなく、Asteroid（アステロイド。恒星状に見える天体）と呼ぶことを提案しました。こうして、これら火星と木星の間にある天体は、惑星よりも小さな天体群という新しい種別に分類されたのです。日本語では、その後に使われるようになったminor planetを訳して、〝小惑星〟と呼んでいます。

小惑星の数は、やはり観測技術の発達とともに急速に増加していきます。特に、20世紀後半から21世紀にかけて、写真から電子撮像素子が主流になると、それまで数千個だった小惑星数は数万個に、そしていまや軌道がわかっている小惑星だけでも四十万個以上にのぼっています。

これらの小惑星は主に火星と木星の軌道の間に集中していて、冒頭でも紹介したように、小惑星帯（メインベルト）と呼ばれています。いまでは、この帯をはずれた小惑星も多数、発見されています。日本の小惑星探査機「はやぶさ」が着陸を果たしたイトカワも、小惑星帯をはずれた小惑星のひとつで、岩塊のようなとても奇妙な形状をしたものです。

ちなみに、ティティウス・ボーデの法則はどうなったのでしょうか。この法則を物理法則に当てはめて惑星の生成や誕生を探ろうという研究は行われたのですが、実はいまではどんな数列でも、同じような法則を見つけようと思えば見つけられると考えられています。そのため、現在ではティティウス・ボーデの法則は単なる偶然であって、特に物理学的な意味はないと考えられているのです。実際、その後に発見された海王星の軌道は、この法則から推測される軌道の位置から、3割ほどずれています。

深まりゆく太陽系2　衛星の発見

惑星以外の小天体として、続々と発見されていったもうひとつのカテゴリーが衛星です。天動説が地動説になった時点で、月が地球の周りを回る衛星と位置づけられるわけですが、他の惑星が月と同じような衛星を持つことは天体望遠鏡の発明まで明らかにされませんでした。最初に衛星が見つかったのは木星です。イタリアの科学者ガリレオ・ガリレイが、天体望遠鏡を木星に向け、月以外の衛星をはじめて発見したのです。1610年初頭に発見した木星の4つの衛星は、彼の偉業を讃えてガリレオ衛星と呼ばれています。この発見は、惑星に付随する小天体群、つまり衛星と呼ばれる天体群が存在する最初の証拠となりました。

これ以後、望遠鏡の発達とともに、土星や天王星、海王星、そして地球型惑星の中では火星にも衛星が存在することが明らかになっていきました。その後の観測技術の発達および惑星探査機の活躍などによって、現在では木星や土星の周りには60個を超える衛星が発見されています。

そして、その衛星たちの軌道も多様であることがわかってきました。特に面白いのは木星型惑星の衛星です。中心の惑星に近いところを公転する木星のガリレオ衛星などは、惑星の赤道面に沿って惑星の自転と同じ向きに、公転しています。しかし、惑星から遠くなると、惑星の公転方向とは逆方向に公転している逆行衛星がたくさん存在しています。これらはほとんどが小さな衛星です。惑星に近く、惑星と同じ向きに順行で公転している衛星群、例えば木星のガリレオ衛星や、土星の最大の衛星タイタン、天王星の内側の衛星群などを「規則衛星」、外側で逆行しているような衛星群を「不規則衛星」と呼ぶことがあります。規則衛星は、主に木星型衛星が成長するときに、(後に詳しく紹介しますが)ミニ太陽系のように、原始惑星系円盤ならぬ原始衛星系円盤ができて、その中で成長していったと考えられています。そのため、公転軌道が惑星の自転の向きと一致しています。一方、不規則衛星は、いずれも惑星や規則衛星ができあがった後に、何らかの理由で惑星へ接近した小天体が、他の衛星と衝突あるいは接近したりして、衛星として捕捉されたものと考えられています。

衛星の素顔も実にバラエティに富んでいます。探査機が接近して撮影した衛星の顔は、ひとつとして同じものはありません。例えば、木星のガリレオ衛星の最も内側のイオは、活発な火山活動があり、その噴出物に覆われていますが、その外側を回るエウロパは、その表面を厚い氷が覆い、地下には海があると考えられています。土星の衛星タイタンは、厚い窒素の大気を持つ衛星で、メタンが雨となって氷の大地に降り注ぎ、川をうがち、湖に注ぎ込んでいます。地球の水のように、メタンによる循環気象を作り出しているのです。さらに同じく土星の衛星エンケラドゥスでは、地下の海から水が間欠泉のように宇宙空間に噴き出していることがわかっています（このあたりの最新の描像は後に詳しく紹介します）。大気のない衛星でも、月のようなタイプのクレーターに覆われたものばかりではありません。土星の衛星ハイペリオンのように、スポンジのようなクレーターに覆われた衛星もあります。赤道部分がクルミの実のように盛り上がった衛星やら、東西の半球に明暗模様がついた衛星やら、まったくその成因さえもよくわからないほど多様な世界です。惑星探査機が接近して、その素顔を明らかにすればするほど、こうした衛星群にも、それらが誕生から今日までに辿ってきたなんらかの歴史の秘密が隠されていると考えざるを得ません。

太陽系の起源

太陽の誕生

これまで太陽系の概要、そして太陽系がどんどん広がり、深まってきたことを紹介してきました。では、この太陽系はいったいいつ頃、どのようにして生まれたのでしょうか？　惑星はどうしてみな同じような平面上を、同じ向きに公転しているのでしょうか。小天体はどうして分布が特定の場所に集中しているのでしょうか。

太陽を中心とした惑星系である太陽系の「母親」は、ガスでできた星雲であると見抜いたのは、18世紀の学者たちでした。ドイツの哲学者カントやフランスの天文学者ラプラスらによって提唱された「星雲説」と呼ばれるものです。この説は20世紀の理論天文学者、例えば京都大学の林忠四郎やロシアのサフロノフなどに引き継がれ、太陽系の起源を考える上での基本となっていきます。

星雲説では、宇宙空間に大きなガスの塊の星雲があって、かつ冷たい状態であれば、重力が利いて収縮するとしています。実際、いまや電波観測によってあちこちに巨大な分子雲（ガスが低温で冷たくなると、原子と原子が結びついて水素分子になるので、分子雲と呼ぶ）が存在しているのが確認されています。そして、雲の中で重力で収縮して星間ガスの小さな塊（分子雲コア）ができます。調べてみると、こうしたコアでは星間ガスが押しくらまんじゅう状態で熱くなっていて、やがて物質がどんどん集積してくると星の卵になると考えられています。大きな分子雲の中には、多数のコアが生まれ、星が一度にたくさんできるようです。こうして生まれる星の集団を、星団と呼んでいます。

太陽も、このような分子雲の中から約46億年前に生まれたのだと考えられています。太陽の場合、孤立して生まれたのか、あるいは星団として、星の集団の一員として生まれたのかは、あまりわかっていませんでした。ところが、隕石などを調べてみると、詳細は省きますが、われわれも星団の一員として生まれた証拠が見つかります。実際、オリオン座の星雲などでは、いまでも太陽サイズの星たちが生まれています。オリオン大星雲付近は太陽が生まれた46億年前の姿に似ている環境なのかもしれません。

惑星の誕生へ

こうしてガス星雲の収縮により太陽が生まれました。収縮してきたガスの大部分は水素やヘリウムでした。しかし、ごくわずかにほかの成分が混じっていました。それは46億年よりも前に出現した恒星たちが作り出した成分です。恒星は、その内部では核融合と呼ばれる反応によってエネルギーを得ています。この核融合は言ってみれば元素の製造工場です。水素からヘリウムを作り出し、そのヘリウムがたまってくるとさらに炭素や酸素を作り出していきます。最終的には、こうして合成された元素が、星の死とともに宇宙にばらまかれます。ばらまかれた元素は、気の遠くなるような長い年月を経て、再び星雲に混じり、次の世代の星を生むときに重要な役割を果たします。つまり、地球のような惑星をつくる材料となるのです。

そう考えると、宇宙初期の第一世代の恒星の周りでは地球のような岩石質の惑星は生まれようがないのです。地球をつくっている重い元素、鉄やニッケル、ケイ素といった元素が宇宙初期には存在しないからです。第一世代の恒星の周りに、仮に惑星ができたとしても、それは単純に水素とわずかのヘリウムからなる太陽と似たようなガス惑星だったでしょう。そういう意味では、宇宙が生まれて、一定の時間が経過してからでないと地球型の惑星も、その上で発生する生命も生まれないということになります。

いずれにしろ、こうした水素やヘリウム以外の元素が、われわれの太陽系を生む母なる星雲に含まれていたために、太陽の周りでは惑星が生まれる材料も集まってきました。そしてガスの塊は収縮するにつれて、全体としてぐるぐる回るスピードが速くなります（「角運動量保存の法則」）。そうすると回転の赤道方向には遠心力がかかりますから、ガスの塊の全体的な形は扁平になっていきます。扁平になると、その部分では密度が大きな砂粒のような粒子（塵）は赤道平面に沿うようになります。こうして雲の中でも、赤道部分が最も密度が高くなる円盤が生まれます。これを原始太陽系円盤と呼んでいます。

この原始太陽系円盤の中では、もともとガスの雲に存在していた小さな塵が密集してくるようになります。空間密度が高くなって太陽の周囲を回るうちに、次々にお互いに衝突して合体していきます。普通は衝突するとばらばらに破壊されそうですが、周りにはガスがあって、そのガスの抵抗を受けて、それぞれの塵が太陽を巡る軌道は、ほぼ円軌道に揃います。そうなると接近・衝突するときの相対速度は、お互いほぼ同じ軌道を巡っているので、限りなくゼロになります。こうして、いわばゆっくりと衝突することになるので、合体することが多くなるのです。

さて、合体した塵や砂粒が、原始太陽系円盤の赤道部に集中していくと、お互いの重力が無視できなくなります。一説には、こうした平べったい円盤は、ある一定の面積ごとに分裂して、それぞれの領域で一気に塊になってしまいます。このあたりのプロセスはあまりよくわかっていませんが、こうして成長した天体の直径は1㎞から10㎞程度になるとされています。こうして生まれた天体を「微惑星」と呼んでいます。現在、太陽系小天体として分類されている小惑星や彗星の中には、すべてではないにせよ、この時代の微惑星そのものではないかと推定され

太陽系の誕生

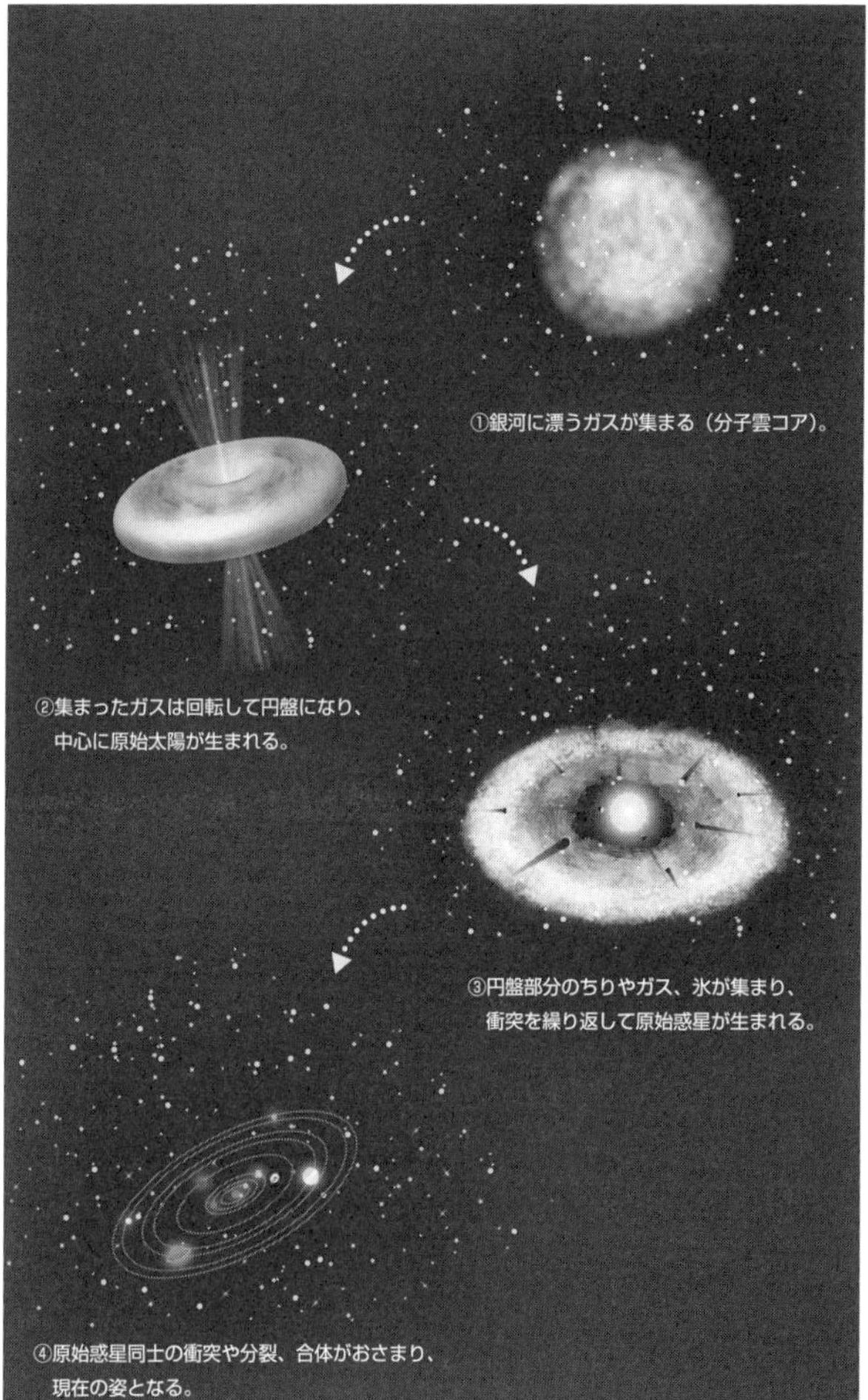
①銀河に漂うガスが集まる（分子雲コア）。
②集まったガスは回転して円盤になり、
中心に原始太陽が生まれる。
③円盤部分のちりやガス、氷が集まり、
衝突を繰り返して原始惑星が生まれる。
④原始惑星同士の衝突や分裂、合体がおさまり、
現在の姿となる。

るものもあります。微惑星がたくさん生まれても、それぞれ依然として原始太陽系円盤のガスの中で公転している状況は変わりません。取り残された塵などとどんどん合体していきつつ、ゆっくりと大きさを増していきます。さらには微惑星同士が衝突合体して大きくなっていきます。こうして、やがて微惑星は大きくなって、原始惑星と呼ばれるような天体の手前まで育つことになります。

雪線の内と外

惑星の成分が決定的に異なる条件となるのが、太陽からの距離です。原始太陽系円盤の中で衝突合体で成長していくというプロセスそのものは同じなのですが、太陽に近ければ温度が高いですから、そのあたりを公転している塵の中から、蒸発しやすい氷などは溶けてガスになって飛んで行ってしまいます。ですから、だいたい数天文単位よりも内側では、重い元素（鉄、ニッケル、アルミニウムなどの金属やケイ酸塩など）が微惑星の主成分となります。こうして、太陽に近い領域では、地球のような岩石質の惑星、いわゆる地球型惑星（水星、金星、地球、火星）が生まれたわけです。地球の成分である重い元素は星雲の中では希少なもので、どの星雲を調べてみても1％に満たないものです。その意味では、地球型惑星はとても貴重な、少ない元素を集めてできたものですから、最終的にはそれほど大きく成長できない運命だったといえるでしょう。

一方、太陽から遠ければ、温度は低くなりますので、氷やメタンなどの揮発性の物質も溶けることなく岩石と同じように塵の中に含まれたまま合体・成長していきます。実は、氷が固体として振る舞うことによって、塵の成長が早くなると同時に、微惑星が衝突合体してできる原始惑星の段階も早くやってきます。そうなると、原始惑星の重力によって、周りの原始太陽系円盤のガスも引きつけられて、大気をまとうようになります。大きくなるのが早い→重力が強くなる→ガスを引きつけ大気をまとう→さらに重力が強くなるという繰り返しによって、周りの微惑星を取り込んで急速に成長していくと同時に、周囲のガスもしっかりと引きつけてしまったわけです。

こうして巨大ガス惑星や巨大氷惑星が生まれたと考えられています。実際、これらの惑星の内部構造を推定すると、その中心には地球と変わらないような重い元素を含む成分が核を作っているのですが、その周りはガスの成分や氷の成分で厚く覆われています。

地球型惑星になるか、あるいは木星のような巨大惑星になるかの運命を分けたのが、太陽からの距離で、ちょうど水の氷が溶けるか、溶けないかの境界線です。これを「雪線」あるいは「凍結線」と呼んでいます。揮発性物質が凝結して固体になる「雪線」よりも外側では木星、土星、天王星、海王星が、それよりも内側では水星、金星、地球、火星の地球型惑星が生まれたのです。

これは実は小天体についてもいえることです。太陽系小天体は、この惑星成長の途中、何らかの理由でそのプロセスから外れてしまった天体と考えられています。冒頭にも紹介したように、この小天体のうち、地球付近にまで近づくものは、氷などをふんだんに含む彗星と、ほとんど岩石質で氷を含まない小惑星との2種類に分類されます。したがって、ごく単純にいえば、雪線よりも内側で生まれたのが小惑星、外側で生まれたのが彗星ということになります。

原始惑星から惑星へ

惑星が最終的に現在のような大きさと数になる前の状態の天体群を原始惑星群と呼んでいます。原始惑星は、ざっと月から火星くらいの大きさです。地球型惑星が形成されつつあった雪線の内側には原始惑星が数十個程度あったのではないか、と考えられています。こうした原始惑星は、お互いに重力を及ぼし合い、軌道を変えていくことで衝突合体したり、接近遭遇してお互いにはね飛ばされたりして、次第に数が減っていきました。このプロセスにかかる時間は数千万年から数億年とされています。こうして最終的には現在の4個の地球型惑星が生まれました。

このプロセスの最終段階で、原始惑星同士が大規模な衝突を起こしたことは、いろいろな証拠から明らかです。例えば、地球の場合は、火星サイズの原始惑星が斜めに衝突してきたために、大きな衛星である月が生まれたと考えられています。これはジャイアント・インパクト説と呼ばれ、月の起源を最もよく説明するモデルとされています。また、火星では南半球に比べて北半球が広い範囲で低地になっていて、その表面積の約40％を占めています。このなだらかな領域を「ボレアレス平原」と呼んでいますが、直径１０００㎞を超えるような原始惑星が30～60度の角度で衝突すると、このような地形を再現できるという説があります。さらに、水星にも「カロリス盆地」と呼ばれる惑星の３分の１に近い直径のクレーターがあります。これも大規模衝突の痕跡ですが、その際に衝突された水星のいわば核の部分だけが取り残され、もともと持っていた外殻が、この衝突で破壊され、消失してしまったと考えられています。こうして最終的に大規模な衝突を経て、数ある原始惑星は取捨選択され、結果的には４つの惑星が残されたのです。こうしてできた地球型惑星は、もともとが同じ向きに公転する原始太陽系円盤から生まれたので、どれもほぼ同じ平面上を、同じ向きに公転しているのです。

一方、かつては巨大惑星の領域でも同じようなプロセスで惑星が成長したと考えられていました。しかし、こうしたアイデアだけでは説明できないこともありました。実は、天王星や海王星を作り出すには、今の場所だとあまりにも時間が足りないのです。こうした巨大氷惑星がいま公転しているところは太陽からかなり遠方です。したがって、その公転のスピードも遅くなります。海王星では秒速5・4㎞。これは地球の秒速30㎞に比べるときわめて遅いものです。衝突合体の頻度は、そのスピードに依存しますので、スピードが速ければ速いほど合体の確率は高くなります。さらには天王星と海王星のあたりは、原始太陽系円盤でも、太陽から遠いのでガスや塵といった材料が少ない領域です。そのため、海王星領域では現在の海王星を作り出すのに、なんと現在の太陽系の年齢である46億年以上、場合によっては100億年もかかってしまう、という説さえ登場しました。実際に海王星はそこに存在していますから、これはきわめて矛盾しています。このようなもともとの星雲説の延長モデルの欠点を補うべく登場したのが、もっと内側で作ってから外側に移動させるというダイナミックな新しい「移動モデル」でした。

移動モデルの登場　――海王星をつくるために

海王星や天王星は、その内部に氷を大量に含んでいます。そのために巨大氷惑星と呼ばれていますが、その意味では原始太陽系円盤の雪線よりも外側でできたことは明らかです。

一方、現在、海王星があるような場所では太陽系の年齢と同じ時間をかけても海王星は合体成長できません。では、いったいどこで生まれたのでしょうか。おそらくもっと原始太陽系円盤の物質密度が濃かった木星や土星のあたりではないか、と思われます。そのあたりで形成されるうちに、数億年をかけて現在の位置まで移動したと考えられるのです。この移動モデルは、1990年代になってにわかに注目を集めました。というのも、その頃、海王星の外側に存在する小天体の群れ、太陽系外縁天体が見つかり始めたのですが、それらの天体軌道の分布を調べると、海王星が移動してきた痕跡と思える証拠が見つかってきたからです。

太陽系外縁天体は、主に海王星の外側をドーナッツ状に取り囲んで分布しているのですが、それぞれの天体軌道を眺めると、海王星の影響を受けて冥王星のように海王星と軌道周期が整数比になっている一群や、海王星とは無関係に円軌道で回っている一群があります。前者は海王星との接近を避けて公転しています。逆に言えば、そうしたうまい軌道にない天体たちは海王星がじわじわ近づいてくる間に、その接近によって重力的に散乱され、あるものは放り出され、あるものは太陽系内部へと放り込まれてしまったと考えられます。一方、円軌道で回っているような太陽系外縁天体は、少し遠くにあって、どちらかといえば海王星の強い影響を受けていないとも考えられます。そこで、海王星がじわじわと外側に移動してきて、太陽系外縁天体の内側から乱し始めて、その途中で移動が止まったと考えれば、両者の群れの存在をうまく説明できるのです。

こうした静かな移動モデルを実現するのは、それほど難しいわけではありません。初期の原始太陽系円盤では、小さな天体がたくさんあるだけでなく、一面にガスが充満しています。例えば、ガスとの抵抗で木星や土星がほんの少し内側（太陽側）へ落ち込むだけで、いわばその反動を受けて、天王星や海王星は外側へ移動する可能性も高いのです。つまり、角運動量を容易にやりとりして、太陽からの距離を変えられるのです。

内側への移動モデルの登場――小さな火星をつくるために

外側の巨大な海王星をどうつくるかという問題があった一方で、ずっと内側、地球型惑星領域でも解けない謎がありました。それは火星の大きさです。太陽系の内側に並ぶ水・金・地・火という4つの地球型惑星では、太陽から遠くになるに従って、水星、金星、地球と、次第に大きな惑星になっています。これは、太陽の誕生直後の原始太陽系円盤を考えると自然に理解できます。太陽の周りを回りながら塵などが衝突・合体を繰り返して成長しますので、公転する軌道は外側ほど大きく、それだけ塵を掃き集める領域も広くなって、材料物質は内側よりも多くなります。したがって、当然ながら太陽から遠いほど大きな惑星になるのです。

しかし、実際には火星に来たところで急に小さくなっています。質量で言えば、火星は地球の約10分の1ほどです。静かな原始太陽系円盤の中で、そのあたりの微惑星を集めて育っていったとすれば、もっと大きくなってもよいはずですし、そもそも原始太陽系円盤の密度の分布が不連続になっている理由はありません。そこで、火星領域では、すでに惑星として成長する頃には、その材料物質が何らかの理由で火星軌道の周辺では減っていたのではないか、というアイデアが浮かびます。

同じように、火星のすぐ外側には小惑星帯がありますが、この小惑星を集めても地球の0・1％程度にしかなりません。ここにも惑星をつくる材料がもともとなかったのかもしれません。また、小惑星帯を調べてみると、面白いことがわかります。10万個もの小惑星を観測して、軌道と表面の成分を詳しく分析すると、岩石でできた小惑星だけでなく、もっと低温で氷を含むような小惑星も散見されます。雪線のぎりぎりの場所で生まれた小天体ならではなのですが、それらが太陽からの距離の順に揃って並んでいるわけではありません。太陽に近ければ岩石質、遠ければ氷が多くなると思われていたのですが、そうではなく、実際には太陽に近い方にも氷を含む小惑星が、逆に太陽から離れた場所でも岩石質の小惑星が見つかってきているのです。異なる場所で生まれたはずの成分が微妙に異なる小惑星が混然としている理由は、かつての太陽系で何かが起きたことを示していると考えられます。

これらの謎、小さな火星問題と小惑星が混然としている問題とを一挙に解決できるのが、木星の内側への移動モデルです。木星はもともとガスを巻き込みながら急速に成長しました。その重力はどんどん大きくなって、内側への影響も大きくなっていきます。一方、ガスを奪い取りながらも、木星の公転のエネルギーはガスとの摩擦で失われ、次第に太陽に近づいていきます。こうして木星は次第に成長しつつ、内側へ移動することで小惑星帯のあたりから火星軌道までの材料物質を吸い取ってしまったのです。と同時に、できかけていた小惑星帯をかき乱してしまいました。その過程で小惑星帯領域に成長しかかっていた原始惑星を破壊してしまったのでしょう。また、成分ごとに並んでいた小惑星の分布も乱してしまったわけです。

木星が、ある程度、内側に影響を与えたことは確かなのですが、どうして木星はもっと内側へとやってこなかったのでしょうか。濃い原始太陽系円盤のガスや塵の中で木星を理論的に成長させると、条件次第では、あっという間に太陽に近づいてしまうこともあるようです。実際、太陽系以外の惑星系では、水星よりも恒星に近い場所を公転している木星クラスの惑星が相当数見つかっています。あまりに恒星に近いので、灼熱《しゃくねつ》の木星型惑星という意味で、ホット・ジュピターなどと呼んでいます。しかし、太陽系では木星はそこまで内側に落ち込むことはありませんでした。

反転移動モデルの登場——地球は救われた?

どうして木星は内側への移動をやめてしまったのでしょうか? その謎はまだ明快には解けていません。しかし、いくつかのモデルが考えられています。そのひとつが「グランドタック・モデル」と呼ばれるものです。グランドタックのタックは航海用語で船が舵を切って方向を変えるという意味です。木星がいったん内側へ移動していった後、反転して外側への移動に舵を切ったというのです。この大きな方向転換の原因は土星です。

土星は、もとから木星の外側に誕生していました。そして土星も木星と同じように成長しつつ、原始太陽系円盤の中のガスや塵の抵抗を受けて内側へと移動していきました。やがて土星が木星の近くまでやってくると、お互いの引力の影響が無視できなくなります。木星ほどではないにしろ、急速に成長した土星の引力は木星の軌道を変えようとします。そして、お互いの公転周期が整数比になると、いわゆる共鳴という状態に入ります。土星が木星と共鳴状態になったために、2つの巨大惑星は、内側への移動をやめてしまいます。それどころか、今度は揃って大きく方向転換し、太陽から遠ざかり始めるというのです。

このシナリオが正しければ、土星が成長して巨大化し、木星が太陽にさらに近づくのを止めたということになります。木星がそのまま内側にやってきたら、どうなったでしょうか。巨大な木星の引力によって、火星の材料どころか、地球付近の材料も吸い取られてしまったでしょう。さらには原始惑星レベルに成長していた地球の卵さえも木星に引っ張られて、その一部になってしまっていたか、あるいは木星の引力で放り出されてしまったでしょう。つまり、地球はできなかったということになります。

実際、太陽系以外の惑星系で、ホット・ジュピターが存在する惑星系では、ホット・ジュピターよりも外側に地球のような小型の惑星が見つかることは滅多にないようです。ということは、こうした惑星系では、木星のような巨大惑星が恒星に落ち込んでいくのを止める役割を果たした土星のような惑星が成長できなかったのかもしれません。その意味では、いま地球があり、われわれがその上で進化し、存在しているのは、土星のおかげなのかもしれません。もちろん、まだグランドタック・モデルそのものが正しいかどうか、わかっていませんが、太陽系初期には内側も外側もダイナミックに動いていたことは、どうやら確かそうです。

惑星になれなかった小天体たち

惑星が移動したかしなかったかは別にしても、惑星に取り込まれなかった原始太陽系円盤の材料が相当な量あったことは確かです。このうちガスは太陽からの光や風（太陽風と呼ばれる電気を帯びた粒子の流れ）によって太陽系の外へと吹き飛ばされます。塵や砂粒のような固体微粒子も、サイズの小さなものは太陽からの光の圧力によって飛ばされてしまいます。しかし、ある程度大きくなった微惑星の一部は、さすがに光の圧力で飛んでいくことはありません。

こうした微惑星の運命は様々です。まずは雪線の外側での氷を含む微惑星を考えてみましょう。木星や土星になっていくはずの急速に大きく成長した原始惑星に微惑星は次々と吸い込まれ、衝突していきます。しかし、中には衝突し損ねて、ニアミスをした際、その重力で加速されて、そのまま太陽系外へと向かう双曲線軌道に乗ってしまうものも相当数あったと思われます。銀河系を彷徨《さまよ》える微惑星は、天文学的な数に達するでしょう。一方、このニアミスの仕方によっては、太陽系にとどまる運命を辿るものもありました。大事なのは、ニアミス時の軌道がたまたま放物線にきわめて近い楕円軌道、つまり太陽の重力ぎりぎりで束縛できるような軌道に乗った微惑星たちです。こうなると太陽から最も遠い場所（遠日点）での滞在時間は、ほとんど無限大といっていいほど長時間になります。こうして太陽の重力ぎりぎりの場所に長い間滞在している微惑星群こそ、後に詳しく説明しますが、長周期彗星の故郷である「オールトの雲」の起源とされています。

一方、移動モデルの証拠にもなった海王星よりも遠方にある太陽系外縁天体の群れは、当時はお互いにどんどん衝突合体を繰り返して惑星になろうとしていました。そして原始惑星への成長過程までは順調だったのですが、そのとき海王星が移動してきて、その重力で乱され始めました。さらに、成長速度がきわめて遅かったために、惑星ができる前に原始太陽系円盤のガスが吹き飛んでしまい、衝突して合体するプロセスが成り立たなくなり、衝突すると破壊される一方となって、惑星成長は止まってしまいました。

冥王星やエリスのような、いわゆる準惑星のようにある程度大きく成長した原始惑星的な天体はいくつかできていったのですが、それ以外は先に進む時間がなかった、いわば時間切れでした。こうして、太陽系外縁天体の群れができあがったわけです。これこそが短周期彗星の故郷です。このあたりからどのように彗星になっていくのかは、後ほど詳しく紹介しましょう。

それでは、雪線の内側の微惑星を見てみましょう。実は領域がかなり狭く、惑星成長も早く進んだため、ほとんどの微惑星は惑星に取り込まれるか、放り出されるかして、地球型惑星の領域には微惑星は残されませんでした。ただ、先ほども紹介したように雪線のあたりは事情が違います。火星と木星の間にある小惑星帯（メインベルト）です。

ここには、たくさんの岩石質の小惑星が存在します。小惑星帯には、もともと地球数個分の物質が集まり、微惑星から原始惑星へと成長を始めていました。雪線の内側なので、基本的には材料は氷を含まず、岩石質でした。これらが衝突合体を繰り返して、数十個の原始惑星に成長したと考えられます。その大きさは月から火星程度と思われます。しかし、先ほども紹介したように、外側の木星が悪さをしたようです。木星が少し内側へ入り込むと、小惑星帯は乱されれ、それまでは衝突すると素直に合体していた原始惑星や微惑星群が、軌道が乱されたために衝突すると互いを破壊するようになってしまいました。こうしていったんは大きく育った原始惑星のほとんどが破壊され、その破片が小惑星となっています。一方、原始惑星の材料となった微惑星的な天体もまだまだ残されていました。それらが渾然《こんぜん》一体となって、現在の小惑星帯に群れる小惑星となっているのです。

どうしてそんなことがわかるのか、と不思議に思われるかもしれません。実は理論的な説明によってだけではありません。小惑星のかけらは、軌道が変化して太陽系の内側へやってくることがあります。そして、時々地球に落ちてきます。これらのかけらが大気中で燃え尽きずに地上にまで落下した場合は、隕石として拾われ、貴重な研究資料になります。この隕石を調べると、ほとんどが鉄やニッケルといった金属でできた隕鉄、金属と石質成分が混じった石鉄隕石、そして太陽系星雲の中で生まれた球粒（コンドリュールと呼ばれます）を含むような隕石など、いくつかの種類があります。特に、隕鉄と石鉄隕石は原始惑星になりかけた証拠です。原始惑星レベルになると、内部がどろどろに溶けて、密度の大きな重い物質は中心部へと沈み、表面には軽い石質成分が浮いてきます。地球の内部も中心核には鉄とニッケルがぎっしり詰まっています。こういう現象を「分化」と呼んでいますが、隕石の中に隕鉄があるということは、小惑星の中でも分化が起きるほど大きく育った原始惑星クラスの天体があったことを、そしてさらにはその原始惑星が破壊されて、その中心核をなす金属成分もばらばらになって宇宙を漂っていることを示しています。ちなみに、石鉄隕石は、その核よりも外側で、金属成分と石質成分がほどよく混合された領域でできたものです。これらはどちらも小惑星帯で原始惑星が育った証拠なのです。

一方、隕鉄やどろどろに溶けてしまったものばかりだったら、原始太陽系円盤中でできた球粒のような物質はなくなってしまっているはずです。それが残されている隕石があるということは、分化が起こるほど大きく成長した天体ばかりではないことを示しています。したがって、微惑星そのものか、微惑星が原始惑星へと成長する過程でできる中間的な大きさの天体ほどに育ったものの、そのまま成長できずに現在まで生き延びたメンバーもいるということなのです。その意味で、小惑星帯はきわめてバラエティに富んだ歴史を背景としている天体群であるといえるでしょう。

ところで、隕石にはファンが多くいます。宇宙を漂っていたものであるというロマンだけでなく、その珍しさや美しさに惹《ひ》かれるのでしょう。例えば隕鉄を切断し、磨いてみるとウィッドマンシュテッテン構造という独特の美しい模様が現れます。これは鉄やニッケルが数十万年、数百万年といった長い年月をかけて冷えていったときに析出する結晶構造です。地上ではまったく見られないものとして、隕石マニアには不動の人気があります。もし、博物館などで隕石などの展示があったら、ぜひよく眺めてみてください。

後期重爆撃期の存在　――移動モデルの中で

いまでも隕石はしばしば地球に落ちてきますが、その数は圧倒的に少なくなっています。しかし、太陽系初期はかなりの小天体の衝突があったはずです。その証拠が、月に無数にあるクレーターの存在です。クレーターは火山活動の痕跡か、天体衝突でできたものかはわかりませんでしたが、現在ではほとんどのクレーターが天体衝突によるものであることがわかっています。

クレーターからは、その衝突年代と、その衝突数がある程度わかります。月のクレーターなどを丹念に調べていくと、太陽系初期からどんどん減っていく一方と思われていた天体衝突が、不思議なことに途中で急に増加した時期があったことがわかったのです。これは驚きの事実でした。

それは太陽系がほぼできあがった5億～6億年後、つまり今から約40億年前のことでした。太陽系初期の46億年前には当然ながら惑星をつくっていくような激しい天体衝突があったはずですので、そちらを前期重爆撃期と呼び、この約40億年前に起こった天体衝突を後期重爆撃期と呼んでいます。後期重爆撃期は、なんと数億年も続いて、月や水星のような大気がなく、そのまま地質学的活動も少なかった天体の表面に無数のクレーターを残すことになりました。

どうして、このような後期重爆撃という現象が起こったのでしょうか。それに一役買っているのが、先ほども紹介した巨大惑星の移動です。木星が行きつ戻りつしたことで小惑星帯での天体群が乱れ、場合によっては衝突破壊が起こり、それらの天体群が放出され続けて、その一部は火星軌道を越えて太陽系の内部へとやってきました。こうして地球、金星、月、水星などの表面に衝突していったと考えられています。

かつては、この後期重爆撃を起こしたのは小惑星ではなく、もっと遠方の太陽系外縁天体からやってきた天体群ではないか、とも言われていました。しかし、どうもそうではなさそうです。というのも、月の後期重爆撃期の古いクレーターの大きさと数を調べると、それが小惑星帯の小惑星の大きさと数に似ているのです。比較のためには小惑星帯にあるきわめて小さな小惑星がどのくらいあるのかを知らなくてはなりません。これを明らかにしたのは、何を隠そう日本が誇る大型望遠鏡「すばる」です。「すばる」は、小惑星帯にある1㎞よりも小さな小惑星の大きさと数の分布を初めて明らかにして、それが予想よりも少なかったこと、そしてその分布と後期重爆撃期のクレーターの大きさから推定される衝突天体群の大きさと数の比率がきわめてよく似ていたことを証明したのです。

ちなみに後期重爆撃の痕跡は月や水星などでは見られるのですが、地球や金星にも同じように数多くの天体が衝突してきたはずです。しかし、その後の地質学的活動によって古い時代のクレーターが表面から消えてしまったのです。

一方で、果たしてこの後期重爆撃期そのものがあったかどうかについては、異論もあります。クレーターの研究者の中には、後期重爆撃期を考えなくても、クレーター形成の歴史を問題なく再現できると考えている向きもあります。太陽系起源論を論じる上で、後期重爆撃期が存在したかどうか、それを説明するのに巨大惑星の移動モデルが本当に必要なのか否かは、現在、研究者が取り組んでいる最中の課題と言えるでしょう。

第二章　太陽系の主役たち

——惑星の素顔

現在、太陽系には8つの惑星があります。これらの惑星は太陽系のいわば主役といってよい天体です。すべての惑星に探査機が近づいていますので、ここではそれぞれの惑星の基本的な性質と、探査機などが明らかにした個性的な素顔を紹介しましょう。

水星

水星の基本

水星は、惑星の中では「一番」という性質がいくつかあります。ひとつは、太陽系の惑星の中で最も太陽に近いことです。太陽からの距離の近さが一番なのです。その距離は平均して0・39天文単位、つまり太陽と地球との間の距離の約0・39倍ほどの場所にあります。太陽に近ければ近いほど、太陽を巡るスピードは速くなりますので、水星は太陽を駆け足で回っています。そのスピードは、秒速47・4㎞。この公転スピードも惑星の中で一番です。太陽を一回りするのに約88日しかかかりません。公転周期の短さも惑星では一番です。

また、水星はサイズや重さも一番となっています。太陽系の中では最も小さく、かつ最も軽い惑星です。水星の直径は約4900㎞と、地球の半分以下です。木星や土星の衛星群の中には、この水星よりも大きな衛星があるほどです。ちなみに水星には衛星はありません。大気のほとんどない惑星も水星だけです。

水星の自転は公転と考え合わせると、とてもわかりにくい特殊な状況になっています。まず太陽に近いため、その引力の影響を受けて、公転周期と自転周期が整数比の関係になっています。地球の周りを周回する衛星である月の場合は、公転と自転の周期比は1：1なのですが、水星の場合は3：2となっているのです。水星の自転周期は58・6日、つまり公転周期88日のちょうど3分の2になっています。この状況は水星表面に立って考えると実に面白く、わかりにくいものです。水星のある場所から空を眺めることを想像してみましょう。自転周期である58・6日で、夜空の星は360度一回りします。ところが、そのあいだに水星は太陽の周りを3分の2ほど回っています。したがって太陽の位置は一周の3分の2、つまり240度だけ天球上を動いています。太陽の動きは星の見かけの動きに対して逆方向ですから、結局その場所から見た太陽の位置は残りの120度だけ西へ動くことになります。つまり、水星のある場所から見て太陽が360度一回りするのは自転周期の3倍、176日を要することになります。水星の一昼夜は176日、つまり、昼と夜の長さは88日、ちょうど公転周期に相当するわけなのです。ちょっとした頭の体操になりますから、読者の皆さんも水星上に降り立ったと想像して、考えてみましょう。

いずれにしろ、水星は太陽に近い上に、ほとんど大気がなく、しかもこれだけ昼も夜も長いために、昼の表面は熱く、夜は冷えて寒くなります。その温度差は実に500度にもなります。この寒暖の差も惑星の中で一番です。

観察がなかなか難しい惑星

肉眼で見える惑星の中でも、水星は最も観察しにくい対象です。かなりのベテランの天文ファンでも、見たことがない人がいるほどです。その理由は、最も太陽の近くを回る惑星だからです。地球より内側を巡る惑星を内惑星、外側を回る惑星を外惑星と呼んでいますが、外惑星はどれも適切な時期になると、太陽と反対方向の深夜の夜空に輝きます。しかし、内惑星は地球から見ると太陽のそばから大きく離れることがありませんので、夕方か、明け方にしか見えないのです。

内惑星が太陽から見かけ上、最も大きく離れているときのことを「最大離角」と呼んでいます。同じ内惑星でも金星の場合は、最大離角の時には太陽から50度ほども離れて、しかもマイナス4等（等級はプラスが大きいほど暗く、マイナスが大きいほど明るい）ときわめて明るく輝きます。そのため、明け方の空に輝く「明けの明星」あるいは夕方の西空に輝く「宵の明星」として誰でも簡単に眺めることができます。ところが、水星は金星よりもさらに内側にありますので、最大離角の頃でも、せいぜい太陽から離れるのは28度どまりとなってしまいます。日没後すぐの西の地平線か、あるいは日の出前の東の地平線のぎりぎりにしか見えません。金星よりも低くにしか見えないのです。さらに水星の明るさは、せいぜい0等星ですから、金星に比べるべくもありません。そのため水星は、よほど大気が透明で、低空まで雲がない条件でないと観察できないわけです。

また、観察の難しさは水星の足が速いことも一因です。なにしろ、惑星の中で一番のスプリンターです。日に日に大きく動いていくので、古代においては、明け方に見える水星と夕方に見える水星とを別の天体と考えていた時期もあったほどです。ギリシアでは、すばしっこい動きから、東の空に見える水星をアポロ、西の空に見える水星をマーキュリーと命名していました。同一の惑星であるとわかった後には、英語名は後者に統一されています。観察には最大離角の前後、せいぜい1週間ほどしかチャンスがありません。あっという間に太陽に近づいて、西の空から東の空へ、あるいは東から西へと位置を変えますので、本当にタイミングを逃すと見えない、という困難さがあります。

探査機が明らかにした水星の素顔

水星は観察するのが困難であるということに加え、もともと小さな惑星なので、地球からはその素顔はなかなか明らかになりませんでした。自転周期さえ、20世紀になってからのレーダー観測で明らかになったほどです。したがって、その表面を眺めた人もいなかったのです。その素顔が明らかになったのは、アメリカのマリナー10号が水星へ接近してからでした。その表面は、まるで月のように無数のクレーターに覆われていました。これは水星に大気がほとんどなく、小さな天体でも衝突するとそのままクレーターを作ること、そうしてできたクレーターが、水星形成時以降、目立った地質活動がなかったために消されずに残されていることが理由です。

水星のクレーターはいささか特殊な特徴があります。ところどころ明るい場所があるのです。2008年に水星に到着して観測を始めたメッセンジャー探査機が、その明るい場所を1ピクセル当たり10ｍという高い解像度で観測を行いました。すると、この反射率（やってきた太陽の光をどの程度、反射するかという効率）が高い場所には直径数百ｍから数㎞にも及ぶ穴が空いていることがわかりました。穴の周りを反射率の高い物質が取り囲んでいたため、その部分が明るく光って見えていたようです。この種の穴はクレーターの底だけでなく、クレーターの中央丘やそれを取り巻くリング状地形、クレーターの縁にも存在しています。このような地形は月や金星にも見られず、正体はまだよくわかっていません。いずれにしろ、比較的若いものらしく、もしかすると揮発性物質が水星の地殻には多く含まれていて、それらが噴き出してきたことを示しているのかもしれません。

マリナー10号の撮影した表面の地形の中で最も注目されたのは、直径が1300㎞にも及ぶ巨大なカロリス盆地でしょう。これはほぼ円形の環状構造で、おそらく大きな小惑星クラスの天体の衝突と、その後に流れ出した溶岩によって形成されたものだと言われています。さらに面白いのは、この盆地のほぼ正反対の部分（対極点と呼びます）に、たくさんの直線状の丘陵が複雑に錯綜《さくそう》する地域が存在することです。これは大規模な衝突の衝撃によって発生した衝撃波が水星内部を伝わって、ちょうど正反対の場所で再び集中したためにできあがった地形と思われています。同じような地形は月にもあります。水星などの地球型惑星が生まれる最終段階での巨大衝突を示す証拠のひとつとされています。

この探査では、もうひとつ驚くべき発見がありました。水星の密度がやけに大きかったのです。一立方センチメートルあたり5・44gという水星の密度は、月や火星よりも大きく、地球の値に近いものです。おそらく、水星は太陽の近くで形成されたために、鉄を中心とした重い元素を大量に含む結果になり、さらにカロリス盆地を形成したような原始惑星クラスの天体の大規模衝突で、密度が小さい外殻が破壊され、飛んでいってしまったからではないか、と言われています。そのために、水星の中心核は大きく、半径の4分の3を占めていると言われています。また、水星には地球の100分の1程度の磁場がありますが、これも大きな核と無関係ではないでしょう。地球の磁場は、内部で電気を持った流体が動くことによってできる、いわゆるダイナモ磁場であると言われていますが、水星のように小さな惑星では、いまでも内部が流動的であるとは思えません。おそらく、冷えて固まってしまった核に固定化された磁場、いってみれば固体磁石になっていると考えられます。

水星は、やはり水の星？

水星は水の星と書きますが、液体の水は表面には存在できません。大気もほとんどないし、なにしろ昼はセ氏400度にも達する高温となりますから、水があったとしても、すべて蒸発してなくなってしまいます。ところが、どうもある場所には水が氷として大量に存在することが確実になってきました。それは北極や南極付近のクレーターの一部です。この極地方では、太陽の光が直接差し込まない場所があります。太陽が決して高く昇らないので、クレーターの丸い輪郭の尾根の部分だけにしか太陽の光が当たりません。水星の自転軸は公転面に対して垂直なので、季節変化もありません。したがって、クレーターの底には太陽の光が差さないところがあるのです。こうした場所は「永久影領域」と呼ばれ、常にセ氏マイナス100度以下になっています。同じような状況の場所は、実は月の南極や北極にも存在しています。

こうしたクレーターをレーダーなどで調べてみると、強い反射が返ってきます。これは表面物質が異なるか、あるいはレーダーで探れるような浅い地下に電波を反射するなんらかの物質があることを示しています。実は、こうした電波を強く反射する性質は、火星や木星のガリレオ衛星で知られていた水の氷によるものにきわめてよく似ていたのです。そのため、太陽光の届かない北極や南極のクレーターの底の地下に氷があって、それがレーダーを強く反射しているのではないか、と考えられていたのです。クレーターをつくった天体が、もし彗星であれば氷の原料である水もたくさん供給するはずです。

こうした水星の極地のクレーターの地下に氷が存在する可能性は、すでに1991年にプエルトリコにあるアレシボ天文台のレーダー観測から示唆されていたのですが、マリナー10号から30年ほどを経て、水星探査に向かったアメリカ・メッセンジャー探査機によって、かなりはっきりしてきました。レーダーで見つかった南北両極の強い反射部分はすべて、実際には太陽光が差さない陰となっている領域であることが確認されたのです。その氷の総量は「ワシントンD.C.と同じ大きさ（177㎢）に広げると厚さが3㎞ほどになる量」と推定されました。表面には、熱を通しにくい厚さが10～20㎝の表層があり、その下に大量の氷が存在しているようです。表面を覆う暗い物質は、彗星や小惑星が衝突したときに供給した有機化合物ではないか、という説もあります。

今後、水星に向けては2018年にヨーロッパと日本とが共同で開発しているベピ・コロンボ探査機が打ち上げられる予定です。この探査機は、水星周回軌道に投入された後、2つの探査機に分離され、水星の磁場の観測などを行います。さらに水星の謎が解明されていくに違いありません。

〈水星を観察してみよう〉

水星を観察するには、いつ頃に最大離角を迎えるのかを調べておかなくてはなりません。天文現象が掲載されているカレンダーや年鑑などで調べておきましょう。また、それが太陽の西へ離れる西方最大離角か、東へ離れる東方最大離角かを確かめます。西方最大離角の場合は、日の出前の夜明けの東の地平線に、東方最大離角の場合は日没後の夕方の西の地平線近くに水星が輝きます。

こうして最大離角の日の前後に、低空までよく晴れそうな日を狙って、地平線まで見通しのよい場所で、観察に挑戦してみてください。地平線近くできらきらと輝く水星を見つけたときは感激するはずです。通常は、双眼鏡や望遠鏡は不要です。肉眼でも観察できる明るさになります。しかし、低空の透明度が悪いときには、減光してしまっているかもしれません。そんな時には双眼鏡で探してみるとよいでしょう。

もし天文シミュレーションソフトがあれば、観察時刻の頃に水星が地平線からどの方向で、どのくらいの高さに見えるかを再現しておきましょう。同じ夜空に金星があったり、他の惑星があったりする場合は、それらの惑星が目印になるので、あらかじめ位置関係を調べておけば、水星を探しやすいかもしれません。なんといってもコペルニクスでさえ、見たことがなかったなどと噂されているほど、観察が困難な惑星ですから、ぜひ何日か観察して、足が速いのを実感してみてください。

金星

金星の基本

金星は太陽から2番目の惑星、そして地球のすぐ内側を回っている内惑星です。太陽からの距離は、平均して0・72天文単位で、地球よりも3割弱ほど太陽に近い場所にあります。太陽を一周する公転周期は224・7日です。

金星は地球の双子ともいわれています。赤道半径は地球の6378㎞に対して、金星は6052㎞とほぼ同じだからです。地球型惑星としては、質量は地球の82％と微妙に軽めです。ちなみに金星には衛星はありません。

金星の大きな特徴は、自転が他の惑星とは異なり、逆向き、すなわち北から見て右回りに自転していることでしょう。しかも、その自転周期はきわめて遅く、なんと243日です。自転軸が普通よりも倒れている惑星としては天王星がありますが、完全に逆向きに回っているのは金星だけです。惑星が生まれてから、自転速度が次第に変化して、最終的にこの状態に落ち着いたようです。

この自転周期には、実は地球の影響もあります。金星が地球に近づくのは584日ごとです。このように惑星と惑星が相互に近づく周期を会合周期と呼んでいます。金星の自転により、金星の表面の一地点から空を観察したとすると、太陽は西から上って東へ沈みます。自転と公転が重なり、金星の一日（太陽が金星の一地点から見て一周する周期）はちょうど116・8日です。この値を5倍すると会合周期の584日となります。つまり、地球と会合するとき、まるで月のように、金星は必ず同じ面を地球に向けているのです。ただ、地球からは見かけ上太陽に近く、太陽を背にしているので、夜の半球を見ることになり、実質的にその顔を眺めることはできません。

そうでなくても、もともと金星は非常に厚いベールの雲で自らの体を覆っているので、表面の素顔を覗《のぞ》くことができません。この雲は地球のように水や氷ではなく、なんと硫酸の雲です。なんでも溶かしてしまう、劇薬の硫酸が水滴になって浮いているのです。その雲の下、表面は灼熱地獄となっていて、その温度はセ氏470度もあります。鉛も溶けてしまうほどの高温環境です。また、大気も濃くて90気圧もあります。これは地球で言えば、深海900mほどの水圧に匹敵します。大気が厚いので、クレーターの数も多くありません。小さな天体は、厚い大気に阻まれて、粉々になってしまうことが多いからです。

また、金星の気象も特筆すべきでしょう。表面は90気圧ということもあって、ほとんど大気が動いていないのですが、上空ではスーパーローテーションと呼ばれる、超高速の風が吹いています。この風は、わずか4日で金星を一周するほど強く、風速は秒速100mに達するほどの猛烈さです。どうして、これほど速い風が吹いているのかは、いまだに謎のままです。日本の金星探査機「あかつき」が、金星の周回軌道に乗って、このスーパーローテーションの謎に挑んでいる最中です。

金星の循環現象も面白い振る舞いを見せています。硫酸の雲の中で、液滴が次第に大きく成長します。すると、液滴は落下を始めて、雨となります。地球の雲でも水滴が大きくなって落下して雨になるのと同じです。ところが、金星では液滴は表面に近づくに従い、大気の厚さによってスピードもゆっくりになり、また大気そのものが熱くなっていきますので、硫酸の雨粒は途中で蒸発してしまい、表面までは届かないのです。なにしろ、地球型惑星でも最も熱い惑星ですから、雨の循環が上空だけで起こっているのです。

金星がこれだけ熱くなっているのは、金星の大気の大部分を占める二酸化炭素が温暖化ガスとして、いわゆる「温室効果」をひきおこしているからです。温室効果が暴走してしまっているといえるでしょう。

宵の明星、明けの明星

金星は地球から見える夜空の天体の中では、太陽と月に次いで3番目に明るい天体です。水星と同じように内惑星、すなわち地球の内側を公転する惑星ですので、太陽から大きく離れてしまうことはありません。最大離角の時でも、約50度以上は離れることがないので、夕方の西の空か、明け方の東の空に輝きます。東に現れる金星を「明けの明星」、日没のときに西に現れるのを「宵の明星」と呼んでいます。最大離角の頃でも、せいぜい日の出の3時間前まで、および日没の3時間後までしか見ることができません。

ただ、その明るさは惑星の中でも別格です。その輝きはマイナス4・7等に達し、あまりの美しさから、英語では美の女神ビーナスの名前がつけられています。金星が最も明るくなったときのことを、天文学用語では最大光輝あるいは最大光度と呼びます。そのときの明るさは、あたりに街灯などがない暗い場所であれば、その輝きで影ができるほどです。これは皆さんも、簡単に確かめることができます。白い紙を持ち、真っ暗な夜空で、地平線近くの金星と紙の間に手をかざすと、その手の影がうっすらとできるはずです。わかりにくければ、少し手を動かしてみるとよいでしょう。影もそれにつれて動きます。ちなみに、天の川の最も明るい部分でも、金星ほどではありませんが、同じように影ができます。天体で影ができるのは、明るい流れ星などを除けば、太陽、月、金星、そして天の川の4つと言ってもよいでしょう。

金星が黄金のように明るく輝く理由は3つあります。ひとつは地球との距離です。なにしろ金星は地球の一つ内側を巡る惑星なので、地球に近づいて明るくなるわけです。もうひとつは大きさです。金星は地球によく似た大きさを持つ、大型の地球型惑星です。大きければ大きいほど、太陽の光もたくさん跳ね返して、明るく輝くのです。最後が金星の反射率です。金星は、ぴかぴかしている厚い雲で覆われているために、反射率が0・78、つまり78%の光をそのまま反射しています。

こうして明星として宵の空、あるいは明け方の空に輝くとき、その黄金に見える輝きは、天文ファンだけでなく、多くの一般の人の目を引きます。特に金星の最大光輝の前後には、国立天文台への一般の方からの問い合わせも増えるのです。

金星の素顔

金星は地球と大きさが似ているため、分厚い雲の下には地球と同じような環境があるのではないか、とも思われていました。地球のすぐ内側の惑星ということもあって、宇宙時代になった1960年代には、すぐに探査機が向かうようになりました。特に力を入れていたのが旧ソ連です。ロシア語で金星を意味するベネラと呼ばれる探査機が次々と打ち上げられ、金星探査、特に着陸に挑みました。しかし、どれも着陸の途中で通信が途絶えてしまっています。それもそのはず、想像を超えた圧力と温度に耐えきれずに探査機が壊れてしまっていたのです。なんとか潜水艦のような頑丈な探査機を金星の表面に降り立たせたのが、１９７０年のベネラ７号でした。そこではじめて表面の灼熱地獄が明らかになったわけです。

　それでも金星の全体像は厚い雲に阻まれ、わかりませんでした。金星全面の詳しい地図が作られたのは、１９９０年に金星周回軌道に投入されたマゼラン探査機のレーダー観測によるものです。雲を通してレーダーで観測された金星表面の広大な山岳地帯や、火山活動によると思われる火山や溶岩などをはじめ、金星特有の地形が明らかになりました。他の惑星にはない地形も次々と見つかりました。その代表はコロナでしょう。コロナとは直径が数百から数千㎞に及ぶ外堀状の環状地形です。金星のあちこちに、コロナが存在しています。これはおそらくマグマのように上昇してくる熱い液体塊が、地表面を押し上げてできたものだといわれています。とりわけ、アルテミス峡谷と呼ばれる直径２２００㎞もあるコロナは、あまりにも壮大です。

　一方、あちこちに火山もあります。高さ８㎞に達するマート山は、地球の楯状《たてじょう》火山に似て、長大な溶岩流が流れ出た痕跡が周りに残されています。直径が数十㎞程度の小規模の火山ではドームと呼ばれる地形や、コーンと呼ばれる、ごく小さな噴火口地形もあります。金星の火山活動は、その地形から判断すると、地球のものに似ていますが、地球のように大陸移動はなさそうです。

　さて、これらの火山活動が現在も続いているかどうかについては、いまだにわかっていません。マゼラン探査機は数年ほど探査を続けて、いくつかの領域で時間間隔をおいて地形を観測していたのですが、その比較からは明確な火山活動に伴う地形の変化は見つかりませんでした。ただ、火山活動をうかがわせる証拠も、これまでいくつか指摘されています。ひとつは、厚い雲の主成分である硫酸の量です。硫酸は硫黄を含んでいますが、この硫黄はカルシウムを含む金星の岩石に吸収され続けますので、火山活動で供給してやる必要があります。そのため、いまでも火山活動があるはずだと考える研究者も多いようです。さらにアメリカのパイオニア・ビーナス探査機が、その観測中に、金星の雲の上の二酸化硫黄と硫酸微粒子が減少していくのをとらえています。観測前に大規模な噴火活動が起こり、金星大気中に大量の硫黄を放出したのち、活動が収まって、硫黄が減少していったとも考えられます。近い将来、金星の火山がまだ生きていることが、はっきりとわかるかもしれません。

　ところで、金星は地球の双子といえるほど大きさが似ているのに、まったく環境の違った惑星になってしまっています。太陽はかつては今よりも弱々しかったため、むしろ金星のほうが地球のように温暖な惑星になっていた可能性が高いのです。実際、地球の海水ほど表層に水があったとも考えられています。それらがほとんどなくなっているのは、金星の謎の大きなひとつです。

惑星から水がなくなってしまうルートは、ほぼ確立されています。ひとつは宇宙へ逃げてしまうルート、もうひとつは地下にしみこみ、あるいは凍結してしまうというルートです。金星のように太陽に近くて暖かいと、海はかなり蒸発し、大気中に水蒸気が充満します。すると、その水蒸気の一部は太陽の強い紫外線で水素と酸素に分解されます。水素は軽いので、宇宙空間に逃げてしまいますし、酸素は単体では活性、つまり結びつく力が強く、岩石などの鉄分に結合してしまい、大気から失われてしまいます。しかし、金星ほどの大きさの惑星だと、重力が強いので、地球の海洋にあるような大量の水を宇宙空間に逃してしまうことは46億年かかってもなかなか困難です。

そこで、金星が生まれる頃に現在の1万倍以上の頻度で天体衝突が起こっていて、この衝突によって若い金星から水がなくなってしまったのではないか、という説があります。天体の重爆撃期には、まだ太陽の紫外線が現在よりも強く、水蒸気を分解するスピードも早そうです。衝突によって金星の大気は熱くなり、水素も宇宙へ逃げやすくなります。また、地殻やマントルが砕かれてできた固体微粒子が高温の金星大気中に放出されて、そこに含まれる鉄分などが水が分解してできた酸素をどんどん吸着していったのです。もちろん、地球でも同じことが起こったはずですが、地球は太陽からの距離が金星よりもわずかに遠いので、水蒸気が凝縮して海洋をつくり、金星のようにならなかったようです。表層にあった水が液体だったか気体だったかで、その後の天体重爆撃に対する表層環境の反応に劇的な違いが生じたという説は今後検証する必要があるのですが、いずれにしろ有力な説になるかもしれません。

水星、金星の太陽面通過

水星と金星という内惑星には、外惑星にはない現象が起こります。太陽面通過という現象です。太陽と地球のちょうど中間にやってきて、地球から見て太陽面上を通過していくものです。日面通過あるいは日面経過とも呼ばれますが、英語ではトランジットと言われています。

太陽面の上を水星や金星が横切ると、まるで太陽の上に真っ黒な丸い点ができたように見えます。とりわけ、金星の太陽面通過は、地球と金星との距離や太陽との距離を求める上で絶好の機会でした。この現象を地球上の複数の地点で観測すると、金星と地球、あるいは太陽と地球との距離という、宇宙の距離の基準となる距離の絶対値が、三角測量の原理によって求められるからです。ただ起こる頻度が少ないため、金星の太陽面通過が予測されるたび、欧米の各国は国家事業として、競って観測隊を各地に派遣していました。例えば、1874年（明治7年）12月9日に起こった金星の太陽面通過時には、アメリカ、フランス、メキシコの観測隊が来日し、長崎や神戸、横浜などで観測を行いました。メキシコ隊の理学博士のドブルイ・イー・エルトン氏は、明治7年12月8日、当時の横浜グランドホテルで、「金星ノ蝕、万人ヲ感愕セシムルハ何故ゾ」という演題の講演会を行ったことが、当時の東京日日新聞に掲載されています。横浜には、観測を記念した碑が紅葉坂に残っています。

世界的には122年ぶり、日本で目撃できるのは実に130年ぶりに、金星の太陽面通過が2004年6月8日に起こりました。筆者らは、実際の太陽面通過が起こる前に、紅葉坂近くのホテルで、明治7年とまったく同じタイトルで講演会を催しました。なお、同じ金星の太陽面通過は2012年6月6日にも起こりましたが、東日本では天候が悪かったのは残念でした。次回、金星の太陽面通過が起こるのは、2117年12月10日およびその8年後の2125年12月8日から9日にかけてです。

一方、水星の太陽面通過は、水星の軌道周期が短いこともあって、金星より頻繁に起こります。次に見えるのは2032年となります。

〈金星を観察してみよう〉

水星と同じように、観察したい時期には明け方に見えるのか、夕方に見えるのかをあらかじめ年鑑などで調べておきます。夕方であれば、太陽が沈んでしばらくすると西空に見えてくる一番星が、ほぼ間違いなく金星です。明け方であれば、太陽が上る2時間ほど前、まだ星がたくさん見える時間帯から起きる必要があります。東の地平線から上がってくる最も明るい星が金星と思って間違いありません。

ぜひお勧めしたいのが、天体望遠鏡による金星の観察です。それほど大きな天体望遠鏡は必要ありません。小さな望遠鏡でかまいません。レンズや鏡の大きさが5㎝から10㎝あれば十分です。こうした天体望遠鏡をまずは金星に向けてみましょう。肉眼でもまぶしいくらいの金星が、さらにまぶしく輝いているのがわかります。その輝く点を注視してみてください。もし、点像にしか見えなければ、少しだけ倍率を上げてみましょう。あまり上げすぎると、金星に向けるのが難しくなりますから、せいぜい30倍程度がよいでしょう。すると、点に見えていた金星の姿が面積を持っていることに気づくかもしれません。そして、その形が丸くないことに気づくでしょう。まるで月のように満ち欠けした様子がわかるはずです。特に太陽から大きく離れているときには、半月から三日月の姿をした金星を眺めることができます。できれば何日か日をおいて、長い期間にわたって継続して、形の観察をしてみてください。金星の見かけの大きさや、その満ち欠けの様子が毎日違っていくのがわかるはずです。どうして、このようなことが起きるのか、あえて答えは書きませんので、皆さんでぜひ観察して考えてみてください（実は17世紀初め、イタリアの天文学者ガリレオ・ガリレイが、小さな望遠鏡で見事に金星の満ち欠けを発見し、それが地動説を確信していく根拠のひとつになったのです）。

ちなみに、満ち欠け以外には金星の表面は、それほど面白いわけではありません。ぶ厚い雲に覆われていて、本体の模様を見いだすのは困難です。それでも紫外線に近い光だけで眺めると、微かに模様が見えることがあります。かなり特殊な技術が必要ですが、そういった光だけで写真を撮ると、雲の模様が浮き出した金星の姿を見ることができます。

地球

地球の基本

いうまでもなく、地球はわれわれの住む、太陽から数えて3番目の惑星です。太陽系の中では今のところ唯一、生命の存在が確認されている天体で、太陽からの距離は平均して1天文単位、1億5千万㎞。太陽を一周する公転周期は365・2422日です。地球型惑星の中では、唯一、たいへん大きな衛星である月を持っています。

地球の自転はほぼ1日ですが、実は月の影響で少しずつ遅くなっています。また、自転軸が公転面に対して約23度ほど傾いているために、公転に従って地球の場所によって太陽光の当たり方が変化するので、季節が生じています。

地球は、われわれ自身が住んでいる惑星なので、その内部構造や特徴は他の惑星に比べて、かなり詳しくわかっています。固体部分は、外側から軽い岩石成分の地殻、やや重い岩石成分でできた流動するマントル、高温で溶けている鉄などの金属質の核（コア）に分けられます。地殻の一部は、大陸をつくるプレートと呼ばれる板状のものに分かれていて、マントルの対流などによって少しずつ動いています。これをプレート運動、あるいはプレート・テクトニクスと呼んでいます。このプレート・テクトニクスによって、大陸の配置は次第に変化していきます。これを大陸移動と呼んでいます。このあたりの話はずいぶんと研究が進んでいますので、後ほど紹介しましょう。

こうした地球の地質学的な活動のエネルギー源は、地球内部の熱源です。地球内部では、まだ液体状の状態で重い物質が沈み込み、軽い物質が浮き上がる現象が完全には終わり切っていないこともあって、その位置エネルギーが熱エネルギーに変わります。また、それらに含まれる放射性壊変元素が壊れるのも熱エネルギー源になります。これらの熱源が火山活動や地震などの地質活動を生み出しています。

また、ある程度溶けた物質は電気を帯びていて、それが流動することで、地球には磁場が生まれています。ダイナモ磁場です。その強さや極性も少しずつ変化しています。この磁場によって、地球の周囲には磁気圏が生まれ、太陽風や高エネルギーの宇宙線などが直接、地上に到達するのを防いでいます。いわば磁気バリアーとなっているわけです。

地球の大気成分は窒素が77％、酸素が21％です。このような大気は実に珍しいもので、特に酸素が分子としてガス状態で存在しているのは極めて稀有《けう》と思われます。というのも、酸素は化学的な活性が強く、通常は岩石中の鉄分などと結びついてしまい、なくなってしまうからです（鉄をむき出しにして、屋外に置いておくとあっという間に錆で覆われてしまいますが、それほど結合したがる物質です）。しかし、地球は38億年前から始まった生命活動、特に植物が発生したために、酸素が徐々に増えて、現在、大気として主要な割合を占めるようになったのです。

この大気には水蒸気が微量に含まれ、地球の表面の約70％を海が覆っています。地球の温度は、太陽からほどよい距離であるために、水が気体としての水蒸気、液体としての水、そして固体としての氷の3つの状態（相）を実現できる温度となっています。そのため、水が蒸発して水蒸気となり、大気中で雨となって降り注ぎ、川になって海に流れる、という水の循環が地球の気象現象の特徴となっています。これらの気象現象が起こる領域は、地表から十数㎞までで、これを対流圏と呼びます。その上に薄い大気が層状に流れている成層圏、中間圏、熱圏、そして宇宙へと続いています。20～50㎞の上空（成層圏）では、酸素の大気がもとになって太陽の紫外線を吸収するオゾン層があります。また地上80㎞よりも上（熱圏）では、大気成分の原子が電子と分かれて電離層をつくっていて、特定の電波を反射し、長距離の電波通信に重要な役割を果たしています。ちなみに、オーロラや流星は、この領域で起こる現象です。

地球の自転と公転

地球は約1日で自転しながら1年かけて、半径約1億5千万㎞の太陽の周回軌道上を巡っています。これが暦の基本単位である「日」と「年」をつくっています。ただ正確に言えば、地球の軌道は完全な円ではありません。離心率（円からの歪《ゆが》み具合）の値は0・017という楕円軌道です。そのため、太陽からの距離が最も遠いときと近いときとで、約500万㎞ほどの差があります。通常、地球が最も太陽に近づくのは、新年の1月4日頃、遠くなるのは7月6日頃です。日本で感じる季節とは完全に逆だと思いませんか。そうなのです。地球は楕円軌道とはいっても、円に近いので、その影響がそれほど大きくはなくて、地球の自転軸が傾いていることによって生じる季節の影響の方が大きいのです。ただ、この楕円軌道の影響は天体観測上では大きな影響を及ぼします。太陽の見かけの大きさも3％ほど違ってくるために、太陽面を隠して、その周りの微かなコロナを観測するコロナグラフでは、季節ごとに太陽を隠すマスクの大きさを変えるほどです。また、水星のところでもお話ししたように、地球が太陽を巡るスピードにも違いが生じます。1月頃の地球のスピードは7月に比べて速いのです。そのために南中時刻（太陽が真南に来る時刻）が、いわゆる正午（お昼の12時）からずれる原因のひとつになっています。

ところで、地球が太陽を一周する公転周期は、地球の自転周期の整数倍になってはいません。このため、地球の自転周期である一日単位でカレンダーを作ってしまうと、不都合が生じてきます。というのも、地球が太陽を一周する公転周期は正確には365・2422日なので、1年が365日のカレンダーを作ってしまうと、0・2422日が余分になって、毎年積み上がり、季節とカレンダーがずれてしまうからです。放っておくと1月が真夏なんてことになりかねません。そこで、ちょっとした工夫を施します。1日以下の半端な数字である、0・2422日を4倍すると、ほぼ1日になることから、4年に1度、1年を366日とすることとして、調節し始めたのです。これがなじみ深い閏《うるう》年です。16世紀までは、このやり方をとっていました。ところが、この方法でも100年ほど経過すると、やはり約1日程度ずれてきます。半端な数が0・2422日ですので、0・25日とは差があるからです。数百年くらいはよいのですが、さすがに千年も経過すると、この差は無視できなくなります。実際、ローマ時代から続いた、この調整方法に手を加えたのは16世紀末でした。13日もの差を一気に調整するとともに、その後は400年に3回ほど閏年を抜くことにしたのです。やりかたとしては、400で割り切れる1600年や2000年は閏年とし、残りの100で割り切れる年は閏年にしないのです。そのため、最近の2000年が閏年だったのは、400年に一度の特別な例外だったわけです。これがグレゴリオ暦と呼ばれる、現在われわれが用いている暦です。

ところで、季節の主要因になっている地球の自転軸の傾き（公転軌道面に対して約23・4度）ですが、実は、この自転軸の向きは月や太陽の影響によって、とてもゆっくりとですが変化しています。ちょうど回転するコマの傾いた回転軸が「みそすり運動」するのと同じです。この地球の自転軸のみそすり運動を歳差運動と呼んでいます。歳差によって自転軸が一周する周期は約2万6千年です。現在、地球の自転軸の北極方向（天の北極）には2等星の北極星がありますが、これは偶然です。歳差運動によって、見かけの天の北極はどんどん動いていきますから、北極星は天の北極からずれていきます。実は、エジプトのピラミッドが造られた頃、天の北極に近かった恒星はりゅう座のα星、ツバーンという星でした。ピラミッドの中に作られた北向きの穴は、この星に向けられているとされています。一方、1万2千年後には、天の北極はこと座のベガ、すなわち織姫星に近づくことになります。この頃には、北半球では常に織姫・彦星が見えていることになるでしょう。

地球内部のダイナミズム

先に紹介したように、地球の表面を覆う地殻の一部は、いくつかの大陸をつくるプレートに分かれていて、少しずつ動いています。このプレート運動に気づいたのは、ドイツの気象学者アルフレート・ヴェーゲナーです。彼が20世紀初頭に提唱した大陸移動説は現在は広く受け入れれられています。ところで、この大陸の移動は、地球の表面だけが動いているのでしょうか。そもそもプレートを動かす原動力はなんなのでしょうか？　もっと地球深くにその原因があるのではないか、と考える研究者は多くなっていきました。

私事になりますが、かつて筆者が東京大学に入学して数年後、地震学で有名な竹内均という先生が行う退官講義を聴く機会を得ました。詳細は忘れましたが、その中で地球の表面のプレートを動かすメカニズムについて触れられていました。「これだけの長さ、広さのプレートを動かすには、地下に同じくらいのスケールで何らかの原因があるはずだ」と言っておられたのを覚えています。目に見える現象の本質を、同じスケールで三次元的に考えるべきだと主張し、それを自ら「縦横比の原理」とおっしゃっていました。そして、プレートの幅と同じくらい深いところに根本原因があるはず、と図を黒板に書いておられました。筆者は地球物理学専攻ではなかったので、ふーんと思って聞いていただけでしたが、1980年代にすでにプレート運動のメカニズムを、さらに深いところに求める方向性はあったのでしょう。

その後、研究が進み、いまではプレート運動は実際に、その下にあるマントルの対流によって引き起こされていることがわかってきました。マントルは地下深さ数十㎞から約2900㎞までの範囲を占める岩石質の物質で、いわば粘性の高い流体の状態です。マントルのさらに下、地球の中心部にある核は、さらに熱くなっていますから、そこで暖まったマントル物質は上昇しようとします。上昇するマントルをホットプルームと呼びます。一方、地殻やプレートに接していくマントルは次第に冷えて下降を始めます。これをコールドプルームと呼んでいます。

コールドプルームは、われわれ日本人にはなじみ深いものです。日本は大陸プレートと海洋プレートがぶつかって、海洋プレートが海溝からマントル中に沈み込む場所にあります。そのために地震や火山が多いのです。潜り込んだプレートは徐々に周辺のマントルと融合していき、周りをも冷やしてコールドプルームとなっていくのです。

一方、ホットプルームは、コールドプルームと逆です。日本のように沈み込みが起こっている場所ではなく、湧き上がって新しい地殻を形成する原因となります。特に現在は、アフリカ大陸の下にホットプルームがあり、大地溝帯（グレート・リフト・バレー）を生み出し、大陸を分裂させようとしています。

こうしたプルームの運動によって、大陸移動が起こっていることがわかってきつつあります。まさに、竹内均先生が示唆した「縦横比の原理」が証明されたようなことが実際に起こっていたわけです。

ところで、最新のプルーム理論では、マントル層全体で対流が起こるのではなく、深さ数十kmから約700kmまでのマントル上部とそれよりも下のマントル下部に分かれて対流が起こっていると考えられるようになっています。ただ、この境界を突き抜けて大規模な対流が起こることもあるようで、これをスーパープルームと呼んでいます。大規模なスーパーホットプルームが発生すると、きわめて激しい火山活動が発生すると考えられています。ロシアのシベリアの広大な大地は、いまから約2億5千万年前に、史上最大級の溶岩噴出によって生まれたとされています。シベリア台地の玄武岩は、別名洪水玄武岩とも呼ばれていますが、これだけの火山活動があれば、地球環境に甚大な影響を及ぼさないはずはありません。その形成時期が地球生命史上最も大規模な生物の大量絶滅が起こった時期(ペルム紀/三畳紀境界:P-T境界)と一致していることから、多くの研究者は、このスーパーホットプルームの上昇による火山活動が大量絶滅の原因だったと考えるようになりつつあります。

生命の大量絶滅といえば、6500万年前の白亜紀末の恐竜絶滅が最も有名ですが、こちらはスーパーホットプルームではなく、現在のメキシコ湾に落下した直径10㎞ほどの天体衝突が原因とされています。生命の大量絶滅は、これ以外にいくつかあったとされていますが、それらの原因についてはまだまだ研究途中といえるでしょう。

ところで、現在でも地球は生きていて、プルームの上昇・下降、そして大陸移動は続いています。大陸は、軽いためにコールドプルームが下降している場所に吸い寄せられていきます。まるで木の葉が排水溝に吸い寄せられるような状況ですね。現在、最も大きなコールドプルームはアジア大陸の下にありますので、ここに吸い寄せられて真っ先にインド大陸がアジア大陸

月食の仕組み

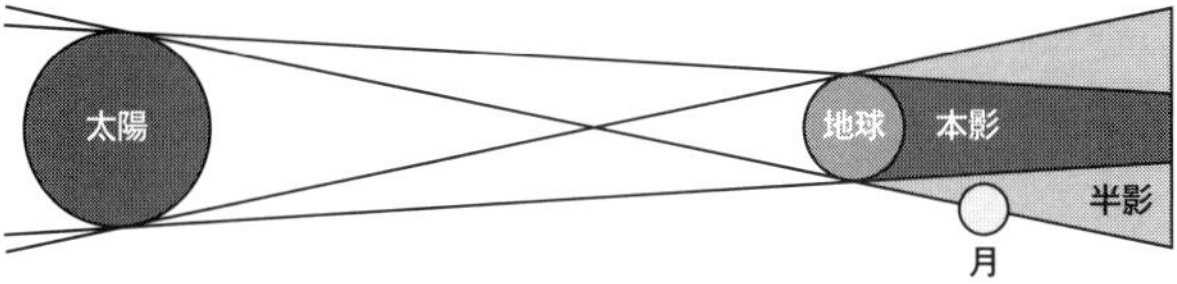

と衝突し、盛り上がってヒマラヤ山地ができています。アフリカ大陸やオーストラリア大陸、それにアメリカ大陸もアジア大陸に接近しつつあります。約2億年後には、ほとんどの大陸が合体した超大陸が生まれるかもしれません。ただ、それは今後、大陸の下に生まれるコールドプルームがどの程度強く沈み込むかに依存していますので、どうなるかはコールドプルームのみぞ知る、ということになるでしょう。

〈地球を観察してみよう〉

私たちが地球を天体として観察するというのはなかなか難しいことです。そもそも地球が球であることを観察できるのは、現実には宇宙飛行士くらいなものです。ところが、天体現象の中で、唯一、地球を球として認識できるものがあります。月食です。

月食は、満月が地球の影に入り込んで暗くなる現象です。太陽は点光源ではありませんから、地球の影には本影と半影という2種類の影ができます。本影の中からは、太陽は地球にすっぽり隠されてしまい、まったく見ることができません。半影では、太陽は部分的に顔を出していますが、太

表：皆既月食のダンジョンの尺度（スケール）

尺度	
0	非常に暗い食。 月のとりわけ中心部は、ほぼ見えない。 黒。
1	灰色か褐色がかった暗い食。 月の細部を判別するのは難しい。 灰色またはこげ茶色。
2	赤もしくは赤茶けた暗い食。 たいていの場合、影の中心に一つの非常に暗い斑点を伴う。 外縁部は非常に明るい。 暗い赤。
3	赤いレンガ色の食。 影は、多くの場合、非常に明るいグレーもしくは黄色の部位によって縁取りされている。 明るい赤。
4	赤銅色かオレンジ色の非常に明るい食。 外縁部は青みがかって大変明るい。 オレンジ。

（Danjon, M.A. 1920, Comptes Rendus Acad. Paris 171, 1127より翻訳、国立天文台提供）

陽の光は本影に近づくほど弱くなります。月全体が本影にすっぽり入ってしまうものを皆既月食、月の一部分が本影にかかるものを部分月食、本影に入らずに半影だけに入るものを半影月食と呼んでいます。月食の観察は肉眼でも可能ですが、双眼鏡や天体望遠鏡を使うとよく眺めることができます。

皆既月食か部分月食では、月の一部あるいは全部が暗くなるのがわかりますが、半影月食はよほど注意深くないと月食が起きていることにも気づかないでしょう。そして、この月食の本影がかかるところを観察すれば地球が丸いことを実感できます。欠けた部分が、直線でなく、丸いことがわかるからです。月食が始まる時間になると、丸い満月が端からかげっていきますが、その形はまさにわれわれ地球の影に他なりません。また、地球の影の境界線がぼんやりしたものであることも望遠鏡を使えばわかるでしょう。これは地球に大気があって、太陽の光の一部が屈折してしまうためです。月食が進むに連れ、月がどのように欠けていくか、観察して、スケッチしてみましょう。

もうひとつ、皆既月食からは地球の大気の状態がわかることがあります。皆既月食の時の月の色は、そのたびごとに異なります。地球に大気がなければ地球の本影は完全に暗黒になるはずですが、影の境界線がぼんやりしているのと同様、成層圏を通って屈折した太陽光が皆既月食中の月をぼんやりと照らし出し、皆既月食中の月は赤銅色に輝いて見えます。その色が明るいときには、皆既中でも表面のクレーターが望遠鏡でわかるほどです。

しかし、場合によっては、月がほとんど見えなくなってしまうこともあります。それは大規模な火山が爆発した時で、地球の成層圏に火山灰が大量に舞い上がると、赤い太陽光も散乱されて月に届かないからです。皆既月食中の月の色が異なることは、フランスの天文学者アンドレ・ダンジョンによって、20世紀初頭に研究され、「ダンジョンの尺度（スケール）」（**表参照**）という色の目安が用いられています。皆さんも、皆既月食の色を自分の手で調べてみるとよいでしょう。こういった月食がいつ起きるか、どのように見えるかは天体関係の情報誌や年鑑・理科年表などに載っています。その時に月が見えていさえすれば、ほぼ地球上のどこからでも観察することが可能なので、日食より観察できる頻度は多いのです。

月

月の基本

月は私たちの住む地球の唯一の衛星です。大きさはほぼ地球の4分の1と、惑星と衛星の比率を考えると圧倒的に大きな天体です。地球から平均して約38万㎞のところを約27日で公転し、同時に同じ周期で自転しています。表面の重力は地球の6分の1で、ほとんど大気がありません。また、人類が到達し、その表面に降り立った地球以外の唯一の天体でもあります。

月は三つの理由から、人間の生活にも深く影響してきました。第一に月は太陽を除けば夜空で最も明るい天体です。場合によっては夜という暗闇を照らし出す役目もしていました。満月の明かりがあれば懐中電灯なしでも歩けるほどで、「月夜に提灯」という言葉に代表されるように、電気のない時代には月明かりは重宝されていたのです。第二に、月は太陽とともに肉眼でもその大きさがわかる天体です。夜空の星々が点にしか見えないのに、太陽と月だけが大きさを持っています。月の見かけの大きさは30分角、つまり1度の半分です。目のいい人が、その視力で見分けられる見かけの大きさは1分角なので、月は、その30倍もあります。時々現れる彗星などの特殊な天体を除けば肉眼で楽に大きさがわかる天体なのです。そして第三の理由が、日に日にその輝く場所を変えながら、姿・形を変えていくことでしょう。太陽は自ら輝いているため、その形は円盤のまま変わらないのに対して、月はどんどん形が変わっていきます。「満ち欠け」と呼ばれている現象です。そして、満ち欠けは繰り返すという特徴を持っています。この月の形がカレンダー代わりになったわけです。これが暦の単位である「月」につながったわけです。満ち欠けについては、次で少し詳しく紹介します。

さて、大気がほとんどないこともあって、月の表面には無数の天体衝突の跡であるクレーターが見られます。明るい領域は、クレーターがたくさんある高地（陸）あるいは山岳地帯と呼ばれ、衝突による破片に覆われた領域です。主に斜長岩と呼ばれる白い鉱物でできています。大きなクレーターでは、衝突時に飛び出した噴出物が再び月面上に落下し、副次的なクレーターができます。特に、新しいクレーターの場合には、満月に近いときに、その副次的なクレーター列によって四方八方に光の筋が伸びているのがわかります。これを光条（レイ）と呼んでいます。一方、溶岩の流出によってできた滑らかな海と呼ばれる、やや暗い領域もあります。これは暗い玄武岩でできています。こうした明暗の地形が、肉眼でも見える明暗模様となって、日本ではウサギの餅つきに見立てられてきたのです。

月の満ち欠けと月齢

月の満ち欠けはとても身近な天文現象のひとつでしょう。なにしろ、肉眼で簡単に観察できます。月は自ら輝かないために、太陽の光を浴びている側面だけが光って見えます。そして地球の周りを回ることで、次第に太陽との位置関係が変わって、形が変わっていくように見えるのです。

満ち欠けの原点は、月がまったく見えない時期です。繰り返す満ち欠けは、それだけで生まれてから満ちて死んでいくという人間の一生を連想させるところがあります。人も誕生を起点として年齢を数えるように、月の場合も細い月が西の地平線に現れてくる時を、「新しい月」が生まれると考え、これを原点とします。この時、地球からは太陽の方向に月があるので、月の昼側は地球からはまったく見えません。この瞬間を新月と呼び、月の年齢という意味での月齢を0とします。新月は朔《さく》とも呼ばれています。

この新月の瞬間が含まれる日を、月を基準とするカレンダーでは1日とします。1日は「ついたち」と読むことをご存じでしょう。つまり、「つきがたつ」日なのです。これから数日過ぎると、日没後の西の地平線に細い月が現れます。ちょうど新月から3日目頃なので、三日月というわけです。15日前後は満月になることが多いので、十五夜と呼びます。満月は別名、望《もち》月《づき》ともいいます。

また、23日や26日になると、明け方の日の出前に三日月と反対の格好をした細い月が見られますが、これらも二十三夜とか、二十六夜と呼びます。また、月がほとんど見えない暦上の月の最後の日を晦《つごもり》と言いますが、これは「つきがこもる」という意味です。

ところで、半月になるのは月の上半期の約1週間目と下半期の3週間目頃です。半月は弓を張った弦《つる》に見立てて弦月《げんげつ》とも呼びます。いまでも暦の上での月を3分割して、上旬、中旬、下旬と呼んでいますが、この弦月は月の上旬と下旬に現れる（ちなみに中旬は満月）ので、最初の弦月を「上旬の弦月」という意味で上弦、満月後の弦月を「下旬の弦月」という意味で、下弦と呼びます。月を基準としたカレンダーでは、その意味がわかっていたのですが、現在のように太陽を基準としたカレンダーが採用されてしまうと、暦上の日付と、実際の月齢が一致しなくなってしまいました。そのため、一種の〝覚え方〟として、弦がどっち向きに沈むかというのに対応させた覚え方が一般的になってしまいましたが、本来の意味ではありません。

月の公転と自転

月は地球の周りを約27日で回っていますが、その間に地球も月も太陽の周りを回るため、太陽の反射光の受け方、つまり実際に月が満月を迎えてから、次の満月までの周期はやや長くなって29・5日になります。そのため、月齢も0から約29・5までで、再び0となって繰り返します。

月の自転周期は、この公転周期に等しくなっているため、月は常に地球に同じ面を向けています。そのため日本では餅つきのウサギに見える模様のある（通常は〝表〟と呼んでいます）半球をいつも地球に向けたまま、地球の周りを回っているわけです。そのために裏側は見ることはできません。

月のように、自転周期が地球を周回する公転周期と一致している状態を、自転と公転が「同期」しているといいます。月の自転と公転が同期してしまったのは、地球の重力の影響が大きかったためだと考えられています。実は、生まれたばかりの月は、現在よりも地球の近くを回っていたからです。

月が表だけを地球に向けている状態は、起きあがりこぼしを考えるとわかりやすいでしょう。起きあがりこぼしのお尻は、頭に比べて相当に重くなっていますね。そのため、お尻が地球の重力に引かれるので、お尻を下にして（つまり地球に向けて）、立ち上がった状態が最も安定しています。実は月の表側は、裏側に比べて、やや重くなっていますので、お尻を（つまり表側を）地球に向けて、安定した状態になった末に、そのまま同期してしまったと考えられるのです。実際、月は3％ほど重心が地球よりになっています。

ところで、探査機によって撮影された月の裏面には、表側と異なりほとんど海といえる領域はありません。月の表と裏がかなり異なっているという意味で、月の二分性あるいは二面性と呼んでいます。その理由はよくわかっていないのですが、もともと月ができたときから地球側の地殻が薄くて、溶岩が噴出しやすかったなど、いくつかの仮説は提案されていて、研究が進んでいます。

ちなみに月が地球を回る公転軌道は円からかなりずれた楕円です。最も地球に近づいたとき（近地点）は36万kmほど、遠ざかったとき（遠地点）は、40万kmを超えます。肉眼で見たときには、差はわかりませんが、写真で撮影すると月の見かけの大きさが違っていることがよくわかります。特に最近では、近地点の頃の満月は普段よりも大きく、明るく見えるということで「スーパームーン」などと呼ばれています。もともと占星術関係の人が言い出した言葉ですが、あるときアメリカ航空宇宙局（ＮＡＳＡ）が大々的に宣伝してしまったため、その後、世界中で流行《はや》ってしまいました。天文学用語ではないので、しっかりした定義がないのが問題ですが、多くの人が空を眺めるきっかけになれば、それはそれでよいのかもしれません。

月は楕円軌道を描いているせいで、月が太陽を隠す日食でもいくつかの見え方が生じます。月の実際の直径は太陽の約４００分の１ですが、地球と月の距離は、地球と太陽の距離の約４００分の１であるため、月と太陽の見かけの大きさはほぼ同じになっています。そのため、月が少し地球に近いときの日食は、すっぽりと太陽を覆い隠す皆既日食に、遠いときの日食は、隠しきれずに外側の部分が残ってしまう金環日食になります。

夜空での月の高さ

同じ満月でも、季節によってずいぶんと違う場所に見えます。秋から冬の満月は、中天高く上るのに、春から夏の時期の満月は地平線からそれほど高く上がらず、南の空低いところに輝きます。

このように季節によって満月の高さが異なるのは、太陽の高さが季節によって異なるのと、ほぼ同じ原理です。月は地球の周りを公転していますが、その軌道面は地球が太陽の周りを回る軌道面（黄道面）に近いのです。地球から見た天球上での太陽の通り道を黄道、月の通り道を白道といいます。白道は、ほぼ黄道に沿っています。日本のような北半球中緯度では、太陽の高さは北半球では冬に低く、夏に高くなります。これは、黄道が地球の赤道面に対して23・4度傾いているために起きる現象ですが、満月は地球を挟んでちょうど太陽と反対側にあり、そしておおまかにいえば、ほぼ黄道に沿って動いているため、満月の高さは太陽とは逆の関係になります。つまり、太陽が最も高く上がる夏至の頃の満月は高度が低く、最も低くなる冬至の頃の満月は高く上がることになるのです。

例えば、東京での6月の満月の高さは、真南に来て最も高く上ったとしても、地平線からせいぜい30度程度です。これは、まだ上ったばかりではないかと見間違えるような高さです。夏の間は、気温も高く、大気中の湿度の影響もあって、満月でも赤みがかることが多いものです。これは夕日が赤くなるのと同じ原理です。月の光が見ている人に届く通り道が、大気の層に対して斜めになるので、大気中の塵や水蒸気によって光が吸収を受けやすくなって、赤色以外が吸収されてしまうのです。実際、夕日が赤く見えるのは、そのせいです。中緯度の日本ではそれほどでもありませんが、日本よりも緯度の高い英国や北米大陸北部では、夏の満月はさらに低くなり、赤みを帯びます。そのため、夏の赤い満月をストロベリームーンなどと呼ぶことがあります。

一方、12月頃の真冬の満月の場合には、高さは80度前後となり、ほぼ頭の真上にまで上ります。つまり、秋から冬にかけては、太陽は南の空低くなり、太陽の光が弱まるかわりに、満月は高度が大きくなって、ほぼ天頂付近を通過するわけです。月の光が大気層に対して、ほぼ垂直に通過してくるので、吸収の影響が最も少なくなる上、もともと大気の温度が低く、透明度が増しているので、冬の月はますます煌々《こうこう》と輝きます。ちなみに、このように月が天頂で輝く様子を「月天心」といいます。

実は、この白道も正確に言えば、黄道から約5度ほど傾いていて、かつ黄道に対して約18・

6年ごとにぐるっと一周しますので、同じ季節の満月の高さも微妙に変わります。

月の起源

地球型惑星のなかで、どうしてこれほど大きな衛星が地球にだけ生まれたのでしょうか。これまでは、地球の自転速度が速く、赤道部分が引きちぎられて生まれたという説や、地球ができるときに同時に生まれた、あるいは別の場所で生まれた月が地球の引力に捕獲された、というような様々な説が提案されてきました。しかし、現在では、地球が生まれつつある頃に、火星サイズの原始惑星が斜めに衝突して、その破片が地球の周りで再集積して月になったという、ジャイアント・インパクト説（巨大衝突説）が有力です。この説だと、月の岩石と地球の岩石が似ていることや、月の岩石には蒸発しやすい成分が少なく、強く熱せられた形跡があることなどの事実がうまく説明できます。

さらには、月がかつて地球の近くにあり、次第に遠ざかっていったこととも矛盾しません。月は、いまでも地球に大きな影響を及ぼしています。一日に2回海面が上下する潮の満ち干（潮汐）は、月の重力が引き起こしています。この満ち干によって、地球の自転は次第に遅くなり、その代わりに月はエネルギーをもらって遠ざかっています。平均的に、月は一年に3〜4㎝ほど遠くなっています。

探査機が明らかにした、月の知られざる素顔

アポロ探査機や旧ソ連のルナ探査機が持ち帰った月の石の分析で、月の年齢や起源が明らかになってきたのですが、それ以後はしばらく本格的な科学的月探査はありませんでした。そこへ登場したのが日本の「かぐや」探査機です。２００７年に打ち上げられ、本体から分離した子衛星2機とともに約2年にわたって月を周回しながら様々な観測を行い、それまでの月面地図、地質図、重力マップなどを全面的に書き換えてしまいました。

月の南極付近の永久影に当たるシャクルトン・クレーターに水の氷は露出していなかったことや、月面上に永久影はあっても永久日照領域が存在しないことを明らかにしました。この成果を元に、ＮＡＳＡはエルクロス探査機を永久影に衝突させ、氷が存在する証拠をつかんでいます。地質学的な成果はきわめて多く、例えば月の裏側にあるモスクワの海などの形成年代では、従来の推定より5億年以上も若いことが明らかになりました。

とりわけ話題になったのが嵐の大洋と呼ばれる場所の西部にある「マリウス丘」に、直径60〜70m、深さ80〜90mの縦穴を発見したことです。このような穴は、通常の隕石衝突ではできません。直径と深さの比は、土星の衛星などの特殊な例を除けば、せいぜい深くても5：1程度で、1：1の比のクレーターは異常です。周囲に溶岩地形が多いことを考えると、溶岩洞窟

の一部が隕石の衝突か、あるいは月震（月の地震）などによって崩落してできたと思われています。分析では横幅370m、内高20〜30mのトンネルが存在するとされ、全体としては長さ数十㎞に及ぶ長大な地下の溶岩洞窟の可能性があります。こうした場所は珍しいだけでなく、将来の月面有人基地の有力な候補地になります。なにしろ、溶岩洞窟は天井があり、隕石の衝突や放射線被曝《ひばく》から守られる上、月表面のセ氏マイナス200度からセ氏プラス100度に及ぶ温度差を避けられます。洞窟の底面は溶岩流が流れた跡が固まっているので、ほぼ平らで、構造物を建てるのに最適です。月の表面にはレゴリスと呼ばれる非常に細かな塵が集積していて、あらゆる電子機器に入り込んで故障の原因になりますが、それらの影響も少ないでしょう。将来、このような溶岩洞窟に基地を作り、住むことになるのかもしれません。ちなみにアメリカの火星探査チームは、同じような縦穴を火星で発見しています。

月がまだ生きているという証拠も確実になりつつあります。見た目には地質学的活動がまったくありませんから、すでに月は死んでいると思われていました。アポロ探査で捉えられた月震も、地球のように地質学的な活動によるものとはまったく異なります。ほとんどが月の公転周期に合わせて増えたりしていて、地球や太陽からの潮汐による内部の変形や、昼夜の温度差のために表面近くの岩石が熱膨張と熱収縮を繰り返して破壊されるときに起こっているものです。ランダムに起こる隕石の衝突による震動もありますが、地球でのマントルの動きによって起こっているようなものはありません。明確な火山活動も観測されていませんでした。

しかし、月面を望遠鏡で眺めていて奇妙な光を目撃したという報告が絶えません。一時的ですが局所的に光る現象で、これらはまとめてTLP（Transient Lunar Phenomena）と呼ばれています。TLPの多くは観察者の勘違いやミス、レンズや望遠鏡の収差などと考えられますが、一方で実際に発光している例もあります。その一部は、実際に流星体や小惑星が月面に衝突して発光するものです。これを衝突発光と呼びます。流星群の時には月面の暗い部分でしばしば衝突発光が観察できますし、イギリスのカンタベリー大聖堂には1178年の大規模衝突発光と思われる現象が、「年代記」に記されています。

「日没後、月が見え始めたときに細く、弧を描いた月の先端が二つに分かれた。そこから、たいまつのような形に燃え上がり、長く伸びる炎と、燃える石炭と、火花が舞った。月の光は蛇のようにうねうねと動き、火は不規則にねじ曲がった。十数回繰り返すと、その後、元の何もない状態に戻った」とあり、衝突発光に加えて、クレーターから飛び出した噴出物が四方に飛んでいく様子だと考えられます。

長く継続して光るTLP現象も報告されています。その一部は、クレーターの底面の起伏によって、太陽光が一時的に効率よく反射して光り輝いていることが原因です。特定のクレーターで目撃例が多いのは、そのせいです。しかし、地形のせいばかりとは言えないのが、月の北西にあるアリスタルコス・クレーターです。ここでの目撃例は飛び抜けて多いのです。

アポロ11号着陸前夜にもドイツのボーフム天文台では、このクレーターが異常に輝く様子を観測しました。その連絡を受けてNASAはアポロ11号へ観察するように指令を送りました。実際、乗組員は「現在、アリスタルコスのある北方向を見ている。周辺よりずっと明るい領域がある。蛍光色に光り輝いている」「窓から見えるクレーターは、確かに他の場所より明るい」と報告してきたのです。その後、アメリカの月探査機クレメンタインもアリスタルコスで発光現象を観測しています。続くアポロ15号では、放射性物質が出すアルファ線という放射線を計測してみたところ、アリスタルコス上空でその数値が急上昇しました。どうもラドン222というガスが、アリスタルコスだけに集中していたようです。決定的だったのは、日本の月探査機かぐやの観測でした。月面に存在するウランの分布を調べてみると、月の表側には、ウランが集中している場所が点在していて、その代表がアリスタルコスだったのです。

どうやら地下の大量のウランが供給源となり、ラドンがガスとして時々、噴き出し、それが太陽光を浴びて発光しているか、あるいは噴き出すときに表面のレゴリスを巻き上げて太陽光を反射しているか、どちらかあるいはその両方の可能性があるようです。いずれにしろ、アリスタルコスで見られるTLPは本物だったようです。

ガスを噴き出すクレーターがあるなら、他にも地質学的活動はないのでしょうか。かぐやに続くアメリカの月探査機から、月面でもかなり最近の火山活動の跡もあるといわれるようになりました。いくつかの火山領域には、クレーターが極端に少なく、火山活動があった時期がわずか数千万年前と推定されたのです。これはあまりに若い年代です。月での火山活動は少なくとも10億年前には止まってしまったというのが常識でした。こうした若い火山の痕跡は、すでに数十個も発見されています。これらの火山はいますぐ活動する雰囲気はありませんが、もしかすると現在が数百万年とか、数千万年といった休止期に当たっているだけなのかもしれません。将来、月で火山が噴火する可能性は皆無ではなさそうです。

さらに日本の研究グループによって月が生きている決定的な証拠が示されました。月探査機かぐやなどのデータから、月の大きさや形状の変化を理論的な計算で比較してみたところ、月の地下1000㎞ほどのところに、熱く軟らかいマントルのような層が存在することが確実になったのです。溶けている原因は、地球の潮汐力です。前にも紹介しましたが、月は地球の周りを楕円軌道で回っています。近くなったり遠くなったりすると潮汐力が強くなったり弱くなったりします。するとそのたびに月は変形して、内部で摩擦が起こり、熱を生み出すのです。

探査機は月の表面だけでなく、その内部をも明らかにしつつあります。そして月は決して冷え固まってしまったのではなく、まだ活動的な生きている天体だということがわかりつつあるのです。

〈月を観察してみよう〉

1　肉眼で観察してみよう

月は天体観察の入門には最適の対象です。何しろ明るく、変化も多く、手軽に観察できるからです。まずは天体望遠鏡を使わない観察のポイントを紹介しましょう。

新月を過ぎ、三日月から半月になる頃まで肉眼で月を継続して観察すると、面白いことに気がつくはずです。特に月の影の部分の変化の観察を紹介しましょう。

三日月ほどの細い月では太陽光が当たっていない部分、すなわち影の部分もぼんやりと、しかしはっきり肉眼でも見ることができます。ところが、この影の部分は次第に月が太っていくにつれて見にくくなってしまいます。上弦の月、すなわち半月になる頃にはほとんど見えなくなります。

この影の部分は、どうしてぼんやりと見えているのでしょう。また、月が太くなるにつれて、どうして見にくくなってしまうのでしょうか。天動説の時代には、月にもともと固有の発光があるという説、木星や金星からの光を受けているという説、太陽光が月の内部を通過するという説などがありました。しかし、これらの説はすべて間違っていました。実は、これは地球からの照り返しです。現在では「地球照」と呼んでいます。

視点を変えて、月から地球を見てみることにします。すると地球もやはり満ち欠けをするはずです。月が三日月に近い頃、月から見た地球は逆に満月（満地球）に近くなります。また、半月になると地球も半月状に見えます。したがって、地球からの照り返しの光の強さは、月が太陽に近くて、細い方が大きくなるわけです。三日月の頃に明るく見えるのは、そのせいです。

もし、早起きする機会があれば、明け方の細い月の地球照を観察するのも面白いでしょう。下弦の月ではほとんど見えないのですが、月齢26ほどの細い月になると、とても明るく見えるようになります。太っていくときとまったく逆に、月が痩せていくときにも、地球照が明るくなっていくのです。

2　月の明暗境界線を観察しよう

天体望遠鏡では、さらに面白い観察ができます。特に、太陽の光が当たっている場所と当たっていない場所の境界線である明暗境界線を観察してみましょう。三日月から上弦の月（半月）までの間、月は太陽が沈むと南西の空に夕方から宵の口に輝いていますから、観察しやすい時期です。

まず、倍率をやや低くして、月全体が視野に入るようにして、明暗境界線に注目してみます。その境界線が通過する月表面に立っていると考えると、ちょうど太陽が月の地平線から上ってくる場所、つまり日の出の場所に相当します。この境界線が全体としてはほんの少し凸凹して、スムーズな線ではないことがわかるでしょう。倍率を少し上げて見てみると、境界線付近には丸い形をしたクレーター、山や谷などの地形があることがわかります。かのガリレオは、自分の望遠鏡を月に向け、やはりこの明暗境界線が凸凹していることから、月がそれまで言われていたように、鏡の如く完全なる球体ではないこと、その表面に地形による凹凸があることを発見しました。

ガリレオがさらに注目したのは、太陽に照らされていない影の部分で、しかも明暗境界線に近いところにある光の点でした。先ほどの倍率のままで、明暗境界線沿いに望遠鏡を動かしてみましょう。明暗境界線に近い部分で影の部分に光る点が必ず見つかるはずです。また、注意深い人なら、明暗境界線の光っている側には、逆に太陽がまだ当たっていない暗い点、あるいは影も見つけられるでしょう。これらの現象は、いずれも月表面の凹凸地形によるものであることは皆さんもすぐにわかるでしょう。ガリレオの望遠鏡よりも皆さんの望遠鏡の方が優れていますので、影の部分が谷底だったり、高い山脈のつくる影だったりするのが、ずっと鮮明にわかるはずです。

余裕があったら、この光っている点がどのように変化していくかを時間をおいて観察してみてください。ガリレオは数時間も観察していると、この光る点が次第に大きくなり、明暗境界線がそこまで達して、明るい部分に飲み込まれる様子を記録していきます。ある光点に注目し、その形の変化を30分あるいは1時間ごとにスケッチしてみるといいでしょう。同じように暗い部分にも新しい光点がどんどん突起のように現れてくるのもわかるはずです。

高校生以上で、三平方の定理を知っていれば、この光の点の位置と明暗境界線の位置から、光点の頂上の高さを推定することができます。例えば、上限の月で光点が月のほぼ真ん中、つまり赤道付近にあり、明暗境界線から月の直径の40分の1離れているとします。地球は明暗境界線を正面から見ているので、太陽光はほぼ月と地球を結んだ線に対して直角の方向から差し込んでいます。月の直径は約３５００㎞なので、光点と明暗境界線とは約88㎞に相当します。そこで、月の中心、明暗境界線の点、山の頂上を結んだ直角三角形を考えると、その三角形の一辺、月の中心と山頂を結ぶ辺の長さは三平方の定理から約１７５２㎞と計算できます。したがって、山の高さは半径１７５０㎞を引いた値、約２㎞となります。

皆さんもガリレオが行ったように実際に明暗境界線から光る点までの距離を自分の望遠鏡で測定し、その山の高さを計算してみましょう。正確な測定は難しいですが、月の直径と比べる方法だけでなく、望遠鏡の倍率を上げて、直径のわかっているクレーターと比較して求めてもいいかもしれません。

明暗境界線には、様々な模様が見え隠れしていて、最近では上弦の頃にアルファベットの

「X」文字が見えるのが話題になっています。「月面X」などと呼ばれています。このあたりはヴェルナーの近くのブランキヌス、プールバッハ、ラ・カーユなどのクレーターの外壁がちょうどX字型になって交錯している場所です。周囲に比べて高いので、この付近が夜明けを迎える頃に、この領域だけ光が当たり始めてX字に見えるのです。

きれいなX字に見えるのは、ほんの一時間程度なので、そうそう見られる現象ではありません。こうした珍しい地形を狙ってみるのも面白い観察になるでしょう。

3　月のクレーターの観察

ガリレオが、「高峰で囲まれたボヘミア盆地のよう」と表現したのが、月のクレーターでした。天体望遠鏡でクレーターを注意深く観察してみましょう。すると、同じクレーターでも、様々であることがわかります。これは天体が衝突するときの規模と、その古さによるものです。一般に古いクレーターは長年の宇宙風化で外壁などが緩やかになっていますが、新しいクレーターはまだくっきりとしています。衝突天体が大きければ大きなクレーターができます。一般に、小さなクレーターはきれいな「おわん」型で、やや大きくなると底の部分が平らになる「平底」型になります。さらに大きくなると平底の中央部に盛り上がりを持つ「中央丘」型となります。中央丘の高さはクレーターの直径にほぼ比例していますが、古いものではなくなっていることがあります。この3種類のクレーターは、低倍率でもごく普通に見ることができます。クレーターの直径が60㎞を超えるようになると、内部は平坦で、複数の同心円状の構造を持つ「多重リング」型が多くなります。さらに大きなものは「盆地」とも呼ばれますが、あまりに大きいので認識するのは難しいでしょう。

クレーターをつくった衝突によって吹き飛ばされた噴出物が再び月面上に落下してできた二次クレーターもあります。クレーターの中でも南部の高地にあるティコは新しく、満月近いときには、ティコから四方八方に光の筋が伸びているのがわかります。これが光条で、衝突時に放り出された物質が飛び散った痕跡です。こうした様子をスケッチしてみると面白いでしょう。

火星

火星の基本

火星は地球のすぐ外側を公転している太陽系の第4惑星です。赤道半径は約3400㎞と、地球の半分以下で小振りで、表面重力も地球の3分の1ほどです。

火星の自転周期は地球とよく似ていて、24時間と40分ほどです。また、自転軸が地球と同じように傾いているために、独特の四季があります。両極は寒いのですが、ドライアイスと氷でできた極冠という白く輝く領域があり、四季に応じて、その大きさが変化します。その意味では、太陽系惑星の中で地球に最も近い性質を持った惑星かもしれません。

ただ、問題は大気の薄さです。現在の大気は薄く、地球の100分の1以下の大気圧しかありません。地球よりも引力が弱かったため、この46億年の間に、大気がかなり宇宙に逃げてしまったと考えられています。大気という「毛布」が薄いので、火星は地球に比べて相当に寒い惑星になっています。平均温度はセ氏マイナス50度を割り込みます。赤道部ではセ氏0度近くまで温度が上昇することもありますが、大気の主成分が二酸化炭素とはいっても、温室効果はこれだけ大気が薄いとまったく効きません。大気には、ごくわずかに水蒸気も存在しますが、固体の氷と気体の水蒸気という2つの状態をとっていて、火星表面では液体の水にはなれません。この火星の大気を変化させて、地球のような環境にする、テラ・フォーミングなども研究されています。薄いながら、大気はあるので、そこで起こる気象現象も顕著です。わずかな水蒸気の雲や、大規模な砂嵐も発生し、しばしば火星全面を覆ってしまうほど発達します。こうなると火星表面の模様も見えなくなってしまいます。この砂嵐は天体望遠鏡で眺めると黄褐色に見えるため、「黄雲」とも呼ばれています。

地球の外側を公転する惑星を外惑星と呼びます。内惑星と違って、深夜の夜空に輝くことがあります。特に火星は、約2年2ヶ月ごとに地球に接近しますが、その軌道がかなり歪んだ楕円なので、接近距離が毎回違います。火星が夏から秋にかけて接近する場合には、接近距離が小さい「大接近」となります。冬から春にかけての接近時の距離は大きく、「小接近」と呼ばれています。小接近時の距離は1億㎞ほどですが、大接近時には5600万㎞にまで近づくので、それだけ明るく輝くことになります。

火星が近づいたときには、とても明るく赤く輝きます。肉眼でも不気味なほど赤く見えるために、血の色を連想させることから、ローマ神話の軍神マルスの名前が由来になってマーズと呼ばれています。この色は、火星表面の鉄分を含む岩石が酸素と結合して赤くさびたものです。接近したときには、天体望遠鏡で表面に明暗模様が見えることもあります。表面の明るく赤い部分には大陸や高原の、逆に暗く見える部分には海や湖の名前が付けられています。暗く見える部分は、まだそれほど風化・酸化していない玄武岩台地です。

火星の地形はダイナミックです。まず、とても大きな火山があることが特徴です。その代表がタルシス高地にあるオリンポス山です。その高さがなんと27㎞。火星最大というだけでなく、太陽系最大の火山です。高さはエベレストの3倍ですが、形はおおまかにいえばなだらかな、いわゆる楯状火山です。もともと地上からの観測では、この領域がしばしば白く見えることがあるため、オリンピア雪原と命名されていたのですが、その後、きわめて高い山であることがわかり、山頂部に雲がかかったりしていたことがわかりました。オリンポス火山以外にも、タルシス高地にはアスクレウス山、パボニス山、アルシア山の3つの火山が等間隔に並んでいて、いずれも高さが15㎞を超える大型の火山です。

一方、火星は峡谷も大規模です。赤道付近を東西に延びるマリネリス峡谷は、その長さが約4000㎞、幅は最大で200㎞、深さは7㎞にも達する、これも太陽系最大の峡谷といってよいでしょう。オリンポス山のあるタルシス高地から、長く東へ延び、最終的には北半球の大洪水地形と呼ばれる平地に達しています。あのグランド・キャニオンでさえ、長さ500㎞、幅数十㎞、深さがせいぜい数㎞ですから、ほぼ10倍の規模といってよいものです。ただ、マリネリス峡谷は、一部水によって削られている場所もあるのですが、基本的には火星表面の地殻変動で大地が引き裂かれてできたものと思われています。その意味では、地球では海の底にあるような日本海溝などと比べるべき地形です。

小規模な地形を丹念に調べると、あちこちに水が流れた痕跡らしきものが見つかります。そのため、かつては大量の液体の水が存在し、それらが地球と同じように循環し、雨となって大地を流れていたのではないか、と考えられてきました。水があったなら、生命は発生していたかなど、とても興味のある場所になります。そこで火星は、いまでも様々な探査が活発に行われている惑星です。

火星には2つの小さな衛星フォボスとダイモスがあります。じゃがいものようないびつな形で、おそらく小惑星が火星の引力に捉えられて衛星になったと考えられています。

火星に水は？　生命は？

もともと火星は火星人がいるかもしれない、などと噂されていた惑星です。地球に近いので、環境も温暖であり、砂嵐によって変化する模様も当初は植物の四季の変化ではないかとも思われていました。当然、宇宙時代になって火星に探査機を向かわせようとするのは自然なことでした。当初の探査機が火星の表面の地形を撮影して地球に送り返し、植物も動物もいそうにない惑星だとわかってくると、次第に落胆する研究者も多くなっていきました。しかし、一方であちこちに流水が作った地形があることから、まだ微生物くらいはという、かすかな期待もありました。

１９７０年代のアメリカの探査機バイキング1号、2号によって、ついに着陸探査がなされ、着陸地点付近の土壌分析が行われました。中学生だった筆者も毎日のように発表される火星表面の写真やニュースに釘付けになっていたことを覚えています。電送される写真に直線状の筋が写っていて、露出中になにか生物がカメラの前を横切ったのではないか、などという噂までニュースになっていました。しかし、残念ながら火星には微生物も存在しない、という結果になってしまい、火星探査熱がしばらく冷めることとなりました。

ところが、この結果はいまでは疑問視されています。当時の分析手法に限界があったからです。地球のアタカマ砂漠のような高地の砂漠にさえ、地中や岩陰には極端な環境に耐える生命が発見されているのに、当時のバイキング探査の手法では、これらは検出できないのです。認識が変化してくると、再度、火星に探査機を向かわせようという気運が高まっていきました。

さらに20世紀末にアメリカの探査機グローバル・サーベイヤーが詳細な地形観測を行ったところ、少しずつ動きのある氷河のような地形や、地下から水がしみ出して流れた痕跡、さらにその土石流がたまった池のような地形など、驚くべき地形が次々と発見されていったのです。これらは、おしなべてきわめて新しく、液体の水があったのは数十億年以上前という通説を覆しました。いまでも地下に存在しているのではないかという可能性を示すものだったわけです。21世紀初めに火星周回軌道に入ったマーズ・オデッセイは、中性子という素粒子の観測から、高緯度地方の地下には相当量の氷が存在する可能性を示唆しました。いまでも地下に大量に氷があるなら、当然、生命への興味につながっていくわけです。

これらの間接的な証拠ではなく、もっと直接的な証拠を捕まえよう、とアメリカは2004年にマーズ・エクスプロレーション・ローバー2機を火星に向かわせます。スピリットとオポチュニティと愛称がついた2機は、日本製のエアバッグに包まれて火星への着陸に無事成功しました。スピリットはグセフ・クレーターという直径150㎞ほどの古いクレーターに、オポチュニティはメリディアニ・テラ（子午線地方）の直径20mほどのイーグル・クレーターに着陸し、どちらも液体の水が存在した直接的証拠をつかむのに成功したのです。スピリットは針鉄鉱という物質を、オポチュニティは地球では強酸性の水中や鉄泉のような熱水環境で生成する「鉄ミョウバン石」や、硫酸塩鉱物（海の中の〝にがり〟のようなもの）を発見しています。これらはどれも水がないと生まれない物質です。堆積層などの様子からも火星の少なくとも一部には、かなりの年月にわたって海があったことは確実です。こうして火星の歴史の中で、生命の存在可能な環境が何度か作られていたことがはっきりしてきました。

では、その水はどこへいったのでしょうか？　大部分は大気が薄くなっていく過程で宇宙に逃げてしまったのですが、かなりの量の水が氷として、両極の地下に眠っている可能性があります。そこで、アメリカは２００８年に火星の北極地方に探査機フェニックスを着陸させました。これはローバーのように動き回ることができない着陸機で、ロボットアームで表面を掘って成分を調べようとしたのです。逆噴射で着陸に成功した際、表面の砂が吹き払われて、少し白っぽいてかてかした成分が露出しました。さらに、ロボットアームで地表を掘ってみると、まさに白く光る氷が露出したのです。氷はやはり大量に眠っているようです。その後、ヨーロッパの火星周回探査機マーズ・エクスプレスによって、極域のクレーターの中にまさに氷があることも確かめられています。

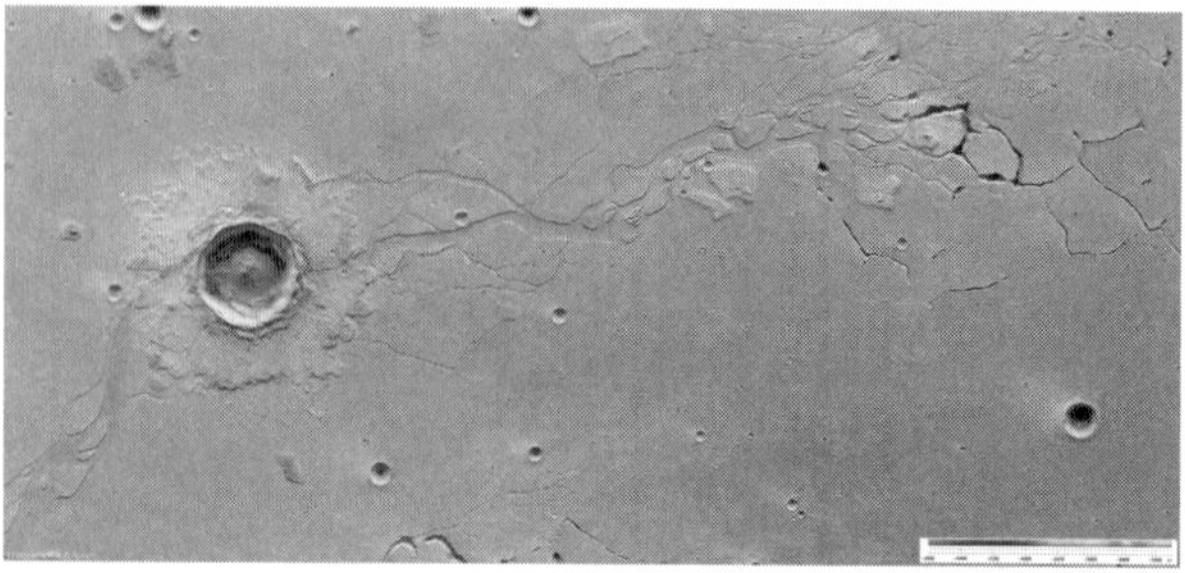

火星探査機マーズ・エクスプレスが撮影したクレーターと、その熱で溶けた水が流れた痕跡
ESA/DLR/FU Berlin (G. Neukum)

火星にはかつて海が存在し、今でも氷が地下にあることがわかってくると、まだどこかに生命がいる（いた）はずだと考える研究者も多くなってきました。こうしてアメリカは2012年、それまでの探査とは桁違いの探査車を着陸させ、本格的な生命探査に乗り出しました。マーズ・サイエンス・ラボラトリー、愛称「キュリオシティ」です。扇状地のように水が流れた地形のある直径154㎞のゲール・クレーターへの着陸成功以来、水の痕跡などを調査しながら、粘土鉱物の豊富な地域を目指して進みつつあります。粘土鉱物は、その粘土の間に生命の痕跡を挟み込んで、有機物などを保存できる性質があります。結果はまだ出ていませんが、今後期待したい探査です。

火星はまだ生きている？

火星の火山は地球の規模を遥かに凌駕《りょうが》しています。

太陽系一の火山、オリンポス山は高さは27kmもあり、そして地球で言う楯状火山として、その裾野も500kmにわたっています。また、山頂部にはカルデラがあるのですが、これも半端ではありません。直径60kmから80km、深さが3kmもあって、そのカルデラの中に富士山がすっぽりと収まってしまうほどです。タルシス高地にある他の火山も、高さは15kmを超えています。

こうした巨大な火山が生まれる理由は主に2つ考えられています。まず火星にはプレート移動がないということです。同じ場所でマグマだまりから溶岩が流れ続け、噴出物が周囲に積もっていったために、どんどん広がり、高くなっていったのです。もうひとつは表面の重力が地球よりも弱かったことでしょう。そのため、噴出物は高く噴き出し、広い範囲にばらまかれるわけです。

そんな太陽系一の火山が噴火するところは、さぞかしダイナミックなことでしょう。できれば天体望遠鏡で眺められたら、よかったのになぁ、などと筆者はかねてから思っていました。ところが2004年になって驚くべき研究結果が発表されました。長らく死火山だと思われていた、オリンポス山を詳細に調べた結果、ごく最近まで噴火していたというのです。ドイツ・ベルリンの研究チームが明らかにした噴火年代は、240万年前。読者の皆さんは「なんだ、そんなに昔か」と思われるかもしれませんが、これは地質学的にいえば、本当にごく最近です。

もし、そうだったら、一定程度の活動休止期間を経て、再びオリンポス山は噴火するかもしれません。実際に、研究チームは、将来の噴火の可能性を指摘しています。火星の火山は数十億年ときわめて寿命が長く、そのために巨大になっています。しかし、いつも噴いているわけではなく、数十万年から数百万年にわたって、噴火活動を休止しているというのです。つまり、オリンポス山はまだまだ活火山である可能性があるのです。もしかすると、タルシス高地のどこかの火山が噴火するのを、われわれは将来、見ることができるのかもしれません。

そうなると火星の気候にも影響を与えることになるでしょう。噴煙だけでなく、火山活動による温度の上昇や、マグマの熱によって、地下に凍りついている氷が溶け出して、洪水を起こすかもしれません。実際、そのような洪水地形があちこちに存在しているのです。水蒸気は温室効果ガスのひとつなので、火星は一時的に温暖になって、さらに氷を含んでいる地層があちこちで溶け出し、大気はどんどん高温高圧になっていくでしょう。もしかすると、人工的にテラ・フォーミングなどしなくても、火星移住は、そういった時期を待つだけでよいのかもしれませんね。

ところで、余談ですが、オリンポス山の「太陽系一」のタイトルを脅かす発見が報じられています。オリンポス山を超える単一の火山があるかもしれない、という研究結果がアメリカの研究グループからなされたのです。その火山がある場所は、なんと地球。日本の東方、約1600㎞の太平洋の海底にある、タム山塊と呼ばれる広大な台地を調べたところ、これがどうやら約1億4400万年前、単一の噴火で噴き出した楯状火山の可能性があるのです。総面積は約31万㎢、高さは海底から3・5㎞に過ぎませんが、山体の根は、地殻内部、約30㎞もの深さに達するというのです。まだ、確定したわけではありませんが、われわれの足下にも、まだまだ他の惑星に匹敵する火山が埋もれているのかもしれませんね。

〈火星を観察してみよう〉

1　火星の見かけの動きを観察しよう

惑星は字の通り、天空を惑う、動き回る天体です。その複雑な動きは昔から不思議がられていました。とりわけ惑星が太陽と反対方向の真夜中に見える前後には、それまで東向きに動いていた惑星が、一時的に西向きに変わったりする現象が見られます。東向きに動くことを順行、西向きに動くことを逆行、その向きを変える時期を留と呼んでいます。こういった惑星の動きはたいへん複雑で、ガリレオ以前の学者でもなかなかうまい説明はできずにいました。そのなかでも火星は際立って複雑な運動を示していました。というのも、火星は地球に比べて円軌道からのズレが大きな楕円軌道で、しかも地球に近かったからです。

この動きを実感するために、接近前後の火星の天球上の動きを何ヶ月かにわたって観察するといいでしょう。この観察には望遠鏡は必要ありません。肉眼でも十分です。まず、恒星の位置が記された星図を用意します。市販の6等星まで記載されているもので十分でしょう。火星の大まかな位置を調べ、実際の夜空に火星を見つけたら、あたりの星を目印にして、火星のある場所を星図に書き込んでみます。これを何日かごとに続けていくと、火星が星の間をどのように動いているか、がよくわかるでしょう。

この火星の運動を詳しく解析し、その運動の法則を解きあかしたのはガリレオよりも少し前に活躍したヨハネス・ケプラーでした。16世紀にコペルニクスによって発表された地動説により、太陽が地球をはじめ惑星の運動の中心となったものの、彼自身はまだ完全な円運動が宇宙を支配していると思い込んでいました。惑星は太陽を中心に大きな円を描いて動いていく小さな円軌道（これを周転円と呼びます）上を回っていると考え、単純な円軌道では説明できない実際の惑星の見かけの順行、逆行を大小2つの円軌道を組み合わせることで解決しようとしたのです。ところが、それほどうまく観測と合わせることはできませんでした。特に、その理論との差が大きかったのが火星でした。火星は大きく歪んだ楕円軌道で、しかも地球に近いため、周転円の理論予測と観測との差が大きくなってしまったのです。ケプラーは、この火星の運動を解決すべく、16世紀末まで眼視観測によって惑星の位置を正確に記録した天文学者ティコ・ブラーエの膨大な観測データをもとに、様々な数学的モデルを試し、ついにいわゆるケプラーの法則に辿り着いたのでした。すなわち、「惑星は太陽をひとつの焦点とする楕円軌道を動く」「太陽と惑星とを結ぶ動径は一定の時間に一定の面積を掃く（面積速度一定）」「公転周期の2乗は軌道長半径の3乗に比例する」というものです。そして、円軌道ではなく、楕円軌道という新しい考え方を導入して、火星の運動の謎を見事に解明したのです。

2　天体望遠鏡で観察してみよう

火星は地球のすぐ外側を回っていて、小さいとはいえ地球には約2年2ヶ月ごとに近づきますので、接近時は天体望遠鏡で観察する好機です。特に、夏から秋にかけて地球に近づく、いわゆる大接近の時には、その見かけの大きさは24秒角（1秒角は1度の3600分の1）となりますから、条件さえよければ火星の表面の模様もわかるようになります。

接近時にぜひ天体望遠鏡を向け、少し倍率を上げて、しばらくじーっと観察してみてください。そのとき、まずは表面の模様の有無に注意してみましょう。大気の揺らぎが止まる一瞬、赤い円盤の中のところどころに暗い模様が見えれば、しめたものです。また、極地方の白い極冠が見えるかどうかにも注意してみてください。これは火星の大気の主成分である二酸化炭素が凍りついたいわばドライアイスの氷で、季節によってその大きさが変わります。ちなみに、火星にはときどき、その全面を覆ってしまうような大規模な砂嵐（黄雲）が起きます。大接近の時に起きれば、小さな望遠鏡でも砂嵐が1週間にわたって表面を覆っていく様子がわかるほどです。砂嵐の発生はそれほど頻繁にあるわけではありませんから、模様が急速に変化していく様子を捉えたら、たいへんラッキーだといえるでしょう。

もうひとつ、金星ほどではありませんが、火星は継続して観測すると、地球との距離が変わっていくために見かけの大きさが変化していくのもわかります。そして注意深く観察すると、微妙に満ち欠けしているのがわかるかもしれません。地球に最も接近するときは、ほぼ満月の状態なのですが、それ以外はどちらかがわずかに欠けて見えるはずです。ただ、どのような時期でも半月までは欠けません。火星の接近前後、何ヶ月かにわたって、この満ち欠けの様子を観察してみてください。そして、どうして半月よりも欠けないのか、少し考えてみてください。

木星

木星の基本

太陽から数えると5番目、4つの地球型惑星を除けば最も内側を巡る、太陽系最大の惑星です。その直径は地球の約11倍、赤道半径は約7万1千㎞、重さは太陽のほぼ1000分の1、地球の317倍もあります。太陽から5・2天文単位、平均約7億8千万㎞の場所をほぼ円軌道で回っています。太陽〜地球間の5倍も離れているのですが、その大きさのため、太陽の光を多く反射して、夜空でも明るくどっしりと輝いています。そのため、ローマ神話の最高神ユピテル（ジュピター）と命名されています。

木星の公転周期は約12年です。したがって、地球から見た木星の位置は、黄道上を1年に約30度ずつ東へ進みます。黄道上には古くは12の星座があり、黄道十二宮と呼ばれていて、ほぼ30度ごとに並んでいますから、木星はこれらの星座をほぼ1年ごとに巡ることになります。また古代中国でも、黄道を同じく12に分けて、十二次と呼んでいたせいもあって、木星が一つずつ動くため、「歳を表す」という意味で、歳星《さいせい》とも呼ばれていました。

木星から外側の4つの惑星（いわゆる巨大惑星である木星、土星、天王星、海王星）は、これまで紹介した惑星たちとは性質がまったく異なっています。固い地面がなく、表面は厚いガスに覆われた惑星です。特に木星と土星は水素が多く、太陽の成分と似ています。木星がもし現在の80倍から100倍以上の質量があれば、内部で核融合反応が起こり、光り輝くもうひとつの太陽になっていたでしょう。

この宇宙を眺めてみると、太陽のように単独の星というのは半数以下です。半数以上は、太陽のような星が2つ、3つと集まって、お互いぐるぐる回っているような兄弟星が多いのです。こういった星を天文学では連星《れんせい》と呼んでいます。われわれの太陽のように、一匹狼の単独星のほうが宇宙では珍しい部類です。星ができるときの材料となった塵《ちり》やガスの星雲がどんなふうに集まるか、どの程度の速さで回転するか、あるいはその時の磁場の強さはどうだったかなどの様々な条件によって、連星になったり単独の星になったりするようです。ただ、われわれの太陽系にいえることは、太陽の他にせいぜい木星クラスの大きさの天体しかできなかったために、太陽だけが光輝く単純な惑星系になっているということです。もし木星が自ら光っていたら、それこそ地球の生物の体内時計も複雑なものになっていたに違いありません。太陽によってもたらされる昼と木星による昼とが少しずつずれていくようなことになるからです（もともと木星が恒星になっていたら、その引力のために地球のような惑星が生まれるかどうかわかりませんが……）。

ちなみに木星の中心部には重い鉄と岩石などの成分からなるコアがあり、その周りに厚く液体金属水素の層が取り巻いていると考えられています。この中心部からは、まだ相当量の熱が発生していて、木星は赤道も極もほとんど温度が変わりません。

木星の自転周期は、赤道付近とそれ以外の緯度では異なります。赤道付近で9時間50分、それ以外で9時間55分程度ですが、このような速い自転のために、天体望遠鏡で眺めても、遠心力によって赤道部が膨らみ、極方向がつぶれているのがわかります。

木星の表面はアンモニアを含む厚い雲に覆われていて、東西方向に平行な縞模様をつくっているのが特徴です。これは早い自転周期によって生まれる東西方向の風による模様で、茶褐色で暗く見える部分を「縞（ベルト）」、明るい部分を「帯（ゾーン）」と呼んでいます。実は、この色の違いが何に起因しているのか、あまりよくわかっていません。白く見える帯の部分はアンモニアの氷ですが、縞の方には硫黄やリンのような不純物が混じっているか、あるいは化学変化である種の物質が変化しているために光の反射の仕方が変わっているとも言われています。どちらにしても、大気の上昇と下降という鉛直方向の運動が関与しているのは間違いありません。木星でも地球と同じように下層で暖められた大気が上昇気流をつくり、上層部で冷えて下降気流となって再び潜っていきます。地球でいえば上昇気流は低気圧、下降気流は高気圧になりますが、木星の場合にはその上昇と下降がどの緯度で起きるかが決まっていて、それぞれが帯（ゾーン）と縞（ベルト）に対応しているのです。こういった上下の運動によって、アンモニア粒子のサイズが異なったり、微量成分が含まれて色の変化を生み出すのでしょう。

この縞模様は、時々突然に淡くなったり、その淡い部分に暗い柱状の模様が現れ、東西方向への風の流れに乗って急速に縞全体に広がって、元に戻る「攪乱《かくらん》」と呼ばれる現象も起こります。

また、南半球の中緯度帯には、周りよりもやや赤みを帯びた「大赤斑《だいせきはん》」があります。これは特筆すべき模様なので、後に詳しく紹介します。大赤斑だけでなく、小さな渦巻き模様は、木星の縞模様の中で、しょっちゅうできたり消えたりしています。

木星は強力な電波源でもあります。その原因は地球よりも数十倍も強力な磁場です。この磁場がつくる磁気圏の中に、後に紹介する活火山を持つ衛星イオが公転しています。イオから放出されるガスが、磁力線を横切って、巨大な電流が発生します。その発電量は10億キロワット。いわば巨大な発電所で、電流が粒子として木星の極地方に衝突して、オーロラを発生させ、同時に強い電波が発生するのです。

巨大惑星にはすべて環があるのですが、木星は幅6400㎞、木星半径の1・72倍から1・81倍までの狭い環を持っています。この環の近くには2つの小さな衛星（J15アドラステアとJ16メティス）があり、その引力の作用によって、環の粒子がばらばらにならずに細い環が保たれています。このあたりのメカニズムは天王星のところで紹介しましょう。

魅力的な木星の衛星たち

木星には60個あまりの衛星があるといわれています。中でも、17世紀初めにガリレオによって発見された4大衛星（イオ、エウロパ、ガニメデ、カリスト）はガリレオ衛星とも呼ばれ、小さな望遠鏡でも観察できますが、探査機で探ると表情豊かな世界を見せてくれます。

ガリレオ衛星の中で最も木星に近いイオは、たくさんの活火山が活発に噴火している衛星です。木星に近くて、いわゆる潮汐《ちょうせき》力が強く働いているため、衛星そのものの形が周期的に歪

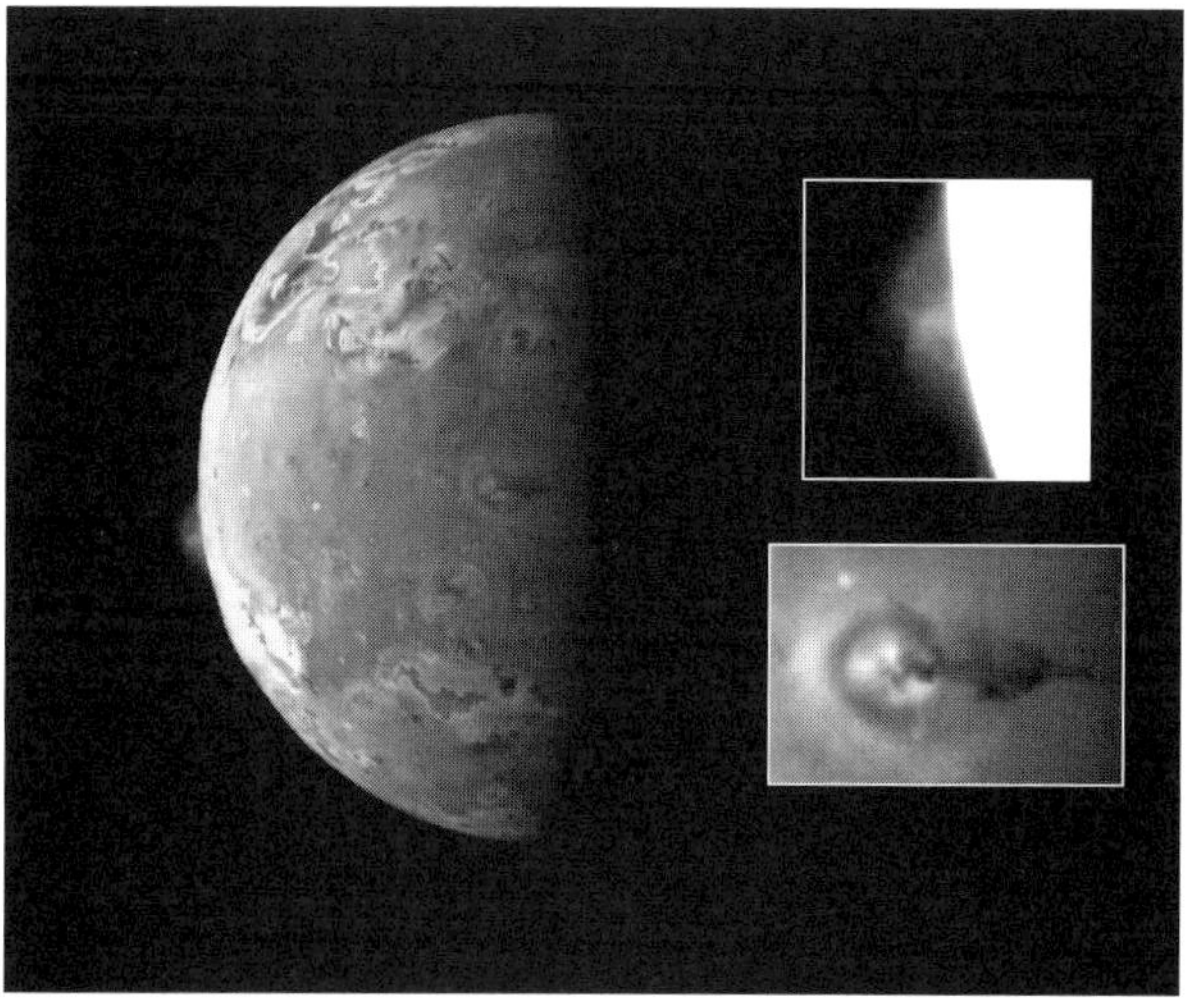

噴煙を吹き上げる衛星イオ
NASA/JPL

められて、その内部が摩擦熱で熱くなっています。これが岩石を溶かし、溶岩となって噴き出す火山活動のエネルギー源となっています。地球から赤外線望遠鏡で観測すると、噴火中の火山からの赤外線が強く見えるほどです。

　エウロパも、注目される衛星です。一見つやつやの氷の表面に数多くの筋が縦横無尽に走っている様子は、まるで宇宙に浮かぶマスクメロンのようです。表面の氷の厚さは数十㎞以上はあるとされ、氷の地殻が内部の熱で膨張し、諏訪湖の御神渡《おみわた》りのように盛り上がった筋をつくったり、あるいはクレバスをつくったりしたのではないかと考えられています。よく見てみると、一度は融解して、再び凍りついたような氷の板が折り重なっているような模様もあります。表面にはクレーターが少ないため、かなり新しい地形といえるでしょう。この氷の地殻の下は、高圧になっていて、海があるといわれています。エウロパの地下の海では、生命が発生している可能性が指摘されています（有名な映画「2010年宇宙の旅」では実際にエウロパに生命が存在するという設定になっていました）。「エウロパ地下の海仮説」は、磁場の観測などから確実視されています。

3番目のガリレオ衛星・ガニメデは太陽系で最大の衛星で、なんと惑星の水星よりも大きい天体です。表面は不純物の混じった氷で覆われ、エウロパよりも黒っぽく、古いクレーターが多い地域と新しい地質活動の証拠と思われる溝が多い地域とに分かれています。この溝は地下から湧き上がってきた新しい水のマントルが、あたかも地球でいう溶岩のように表面を覆いながら凍ったものと思われています。

ガリレオ衛星で木星から最も遠いのがカリストです。この衛星はクレーターが多いことから、地質活動は形成初期に終わったと思われています。ガリレオ衛星の中で、いちばん軽く、その分、氷の比率も多いようです。そのため、地質活動の熱源となる放射性元素を含む岩石も少なかったのでしょう。カリストで目を引くのは、いくつかの多重環クレーターです。一つのクレーターを中心に幾つもの大きさの違う円形構造が同心円を成し、最外部まで3000㎞もあるものさえあります。月や水星にも規模は小さいながら同じような構造は見られるので、一般にこれは大規模な衝突によるものと思われていますが、氷の地殻が陥没してできたカルデラ状地形、あるいは氷の火山の湧き出し口地形といった諸説があるようです。

4大衛星を含む木星に近い衛星は、木星の赤道面を木星の自転の向きと同じ方向に、260日以下の周期で公転している規則衛星に属します。木星レベルの巨大惑星が生まれるときには、その周りに原始太陽系円盤に似た、原始周惑星系円盤なるものが生まれ、まるでミニ太陽系のように巨大惑星の周りで衛星たちが成長していったと考えられています。

ところで、木星から離れた場所には600日以上の周期で、木星の自転とは無関係に、あるいはしばしば逆向きに公転しているグループがあります。いわゆる不規則衛星あるいは逆行衛星群ですが、ほとんどは小さな小惑星クラスの天体で、木星の重力に捉えられた天体と考えられています。

木星最大の謎・大赤斑

木星のシンボルはなんといっても巨大な渦巻き模様、大赤斑でしょう。木星の南半球中緯度地方にある東西2万6千㎞、南北1万4千㎞の、つぶれた楕円形の模様で、周期約6日ほどで回転する巨大な大気の渦です。

周りよりほんの少し温度が低く、帯の部分と同様にやや盛り上がった上昇流の領域です。高気圧性の渦のようです。普通は上昇流では色が白くなるのですが、どうして大赤斑だけが色が濃いのかわかっていません。深いところにあるリン化水素が上昇大気で持ち上げられ、太陽の光を浴びて分解し、いわゆる赤リンになって色がついているという説もあります。

この赤い色が淡くなったり濃くなったりするのですが、濃い時期には小さな望遠鏡でもよく見えます。大赤斑の寿命は長いようです。なにしろ、1664年にカッシーニが発見してから、300年以上も見え続けているといわれています。ただ、見えかたはそれほど一定しておらず、最初はぼんやりしていたといわれています。1878年頃に急に輝きだして、注目を浴び、大赤斑と命名されるようになりました。どうして、地球がすっぽり入るような巨大な渦巻きが、300年以上もの寿命を得られるのかは大きな謎です。地球の台風がせいぜい10日やそこらで消滅するのとは実に対照的ですね。大赤斑の成因については、かつて木星の内部にある火山の噴出物といった火山説や、高い山の上にできるテイラー柱説、大気中を浮遊する物質説、さらに台風説などがありましたが、いまでは「ソリトン（孤立波）説」というのが有力視されています。ソリトンというのは波の一種で、放っておくと消えてしまうはずなのですが、大赤斑の場合には、周りの大気の流れや小さな渦から回転のエネルギーをもらい続けているようです。

巨大惑星には、こうした孤立波と思える巨大渦巻きがしばしば観測されます。例えば、土星には1990年に30年ぶりに巨大白斑が出現し、しばらく見え続けていました。海王星に接近した探査機ボイジャー2号も、その表面に巨大な黒い渦「大黒斑」があることを発見しました。いまのところ天王星には見つかっていませんが、巨大惑星には巨大孤立斑が普遍的にできやすいのかもしれません。

ところで、最近、小さな望遠鏡で眺めても木星の大赤斑が見えにくい状態が続いています。21世紀になって、その色が薄くなってきているからです。アメリカのハッブル宇宙望遠鏡でも、継続的に木星の大赤斑の観測をしていますが、どうやらその大きさも縮小し、楕円から円に近づいて、丸くなってきているというのです。2010年以後、その傾向は顕著で、大赤斑の長軸は2015年末には、2014年に比べて240km も短くなってしまいました。

大赤斑の色も赤というよりもオレンジ色に近く、いつもは色が濃い中心部分にはっきりとした違いが見られなくなっています。

さらに驚くべきことに、大赤斑には、その渦の幅ほぼ全体にわたってそれまでにないような模様も見られるようになってきました。細いフィラメント状の構造が現れてきたのです。これらは、秒速150m以上のスピードでどんどん形が変わっているようです。そのフィラメントが大赤斑中心部からひものように伸びている様子は、まるで目玉の中の血走った血管のようです。いずれにしろ、大赤斑は今後、変化するか、あるいは数百年ぶりになくなってしまうかもしれません。考えてみると、ガリレオ以降、人類はまだ400年ほどしか天体望遠鏡を用いた観測をしていません。この400年は長いようで、46億年の太陽系の歴史に比べれば、実に一瞬の長さです。その400年の間にずっと見え続けているからといって、大赤斑がなくならないとは限らないわけです。ぜひ、今後も木星の大赤斑に注目したいものですね。

〈木星を観察してみよう〉

1　木星の観察

ガリレオが成し遂げた数々の発見の中でも、木星の周りの4つの衛星の発見は、たいへん重要です。というのも、その衛星たちが規則正しく木星を回っていることを観察し、地球以外の天体を回る初の実例になったからです。ガリレオは、この発見で天動説から地動説へと大きく考えを変えていくことになりました。このガリレオ衛星は、明るさが5等星から6等星なので、小さな望遠鏡でも適当な倍率さえあれば木星のそばに寄り添っている姿をはっきりと眺めることができます。

まずは木星がいつ頃見えるのかを、年鑑やインターネットなどで下調べをして、天体望遠鏡を向けてみましょう。真夜中に見える頃には、木星はマイナス2等と、どんな恒星よりも明るいので、すぐに探し出すことができるでしょう。東京などの都会でも視界が開けていれば簡単に見つけられます。

まず、低倍率で木星を望遠鏡の視野に入れます。すると丸い形をした木星本体と、その周りに並ぶガリレオ衛星が見えるはずです。そうしたら、観察ノートに木星とガリレオ衛星の位置をスケッチして記録してみましょう。もちろん、日時も忘れずに書き込みます。そして、もし余裕があれば、木星が地平線に近づいて見えなくなるまでの間、1時間ごとに同じように観察記録をとってみます。運がよければガリレオ衛星の位置が少し動いていることがわかるはずです。最も内側のイオは木星を一周するのに約1・8日しかかかりません。ですから、数時間でも動いているのがわかることがあります。そして、できれば何日か連続して観察してみてください。そうすればこれらの衛星がどんどん動いていくこと、そして木星の周りを回っているのがわかるでしょう。

ガリレオは1610年1月から3月まで、晴れている限りほとんど毎日のようにこれらの衛星の位置を記録し、次のように述べてコペルニクスの地動説を受け入れようとしない人たちに対してメッセージを送ったのです。

「四つの星は木星とともに、一二年の周期で太陽のまわりを大きく回転している。同時に、地球のまわりの月とおなじく、木星のまわりをも回転している。感覚的経験がこのことを示しているいま、惑星が二つ、太陽のまわりに大きな軌道を描きつつ、同時に、一方の惑星のまわり

をほかの一つが回るということが、どうして考えられないか。」（『星界の報告』岩波書店）

2　木星本体の観察

ガリレオの望遠鏡では、その性能が足りなかったために木星本体の観察記録は、それほど多く残されていません。しかし、現代の望遠鏡なら、ガリレオ衛星だけでなく、木星本体に何らかの模様を見つけることができるはずです。

適当な倍率で木星を望遠鏡の視野に入れたら、接眼鏡（アイピース）を替えて、少し倍率を上げます。まずは木星の形を眺めてみてください。まず気がつくのは、木星がやや南北にひしゃげているという点でしょう。木星は約10時間という早い自転周期のため、赤道部分が遠心力で膨らんでしまっています。赤道部の直径は14万3千㎞もあるのに、極方向の直径は13万4千㎞と、約9千㎞も短いのです。

次に木星の表面をじーっと眺めてみます。しばらく眺めていると、ゆらゆらとした大気の乱れがときどき止まって、一瞬、表面の模様が浮き上がって見えることがあるはずです。木星でよく目立つのは赤道部分を挟んで黒く見える2本の太い縞模様です。これは赤道縞と呼ばれています。口径が大きな望遠鏡では、この縞模様がもっと中緯度の方にも存在して、何本も見えることがあります。皆さんの望遠鏡でどのように見えるか、ぜひスケッチをとってみてください。

また、口径が10㎝クラスの望遠鏡だと、慣れてくると木星の南半球の大赤斑に気づくかもしれません。先ほども紹介したように、最近は色が薄くなってやや見えにくくなった上に、小さくなっていますので、ぜひ注意して眺めてみましょう。大赤斑などの模様が木星の中央経度を通過する時刻を目測で測定することをCMT観測と呼んでいます。何日か続けてやってみると、その自転周期がわかりますので、試してみると面白いでしょう。

土星

土星の基本

木星の外側を巡る太陽系の第6惑星が土星です。約29・5年で太陽を一周します。肉眼で見える最も遠い惑星です。ただ、木星に次ぐ大きさを持ち、赤道半径は約6万㎞と太陽系では2番目に大きな巨大ガス惑星なので、太陽の光をたくさん反射して、夜空でも1等星を超える明るさで、とても輝いています。

自転周期も10時間39分と短く、その猛烈なスピードの自転によって、赤道部が遠心力で極方向に比べて1割も膨らんでいます。惑星の中では、その扁平率は堂々の第1位です。木星よりも扁平になる理由は、土星本体がすかすかだからです。平均密度は太陽系でも最小で、一立方センチメートルあたり、わずか0・7g、つまり水に浮いてしまうほど「軽い」のです。しばしば本では、巨大なプールに水を張って、土星を入れると浮かぶ、という表現が見られます。ただ、わかりやすいたとえ話としてはよいのですが、この表現は実際には間違いです。というのも、土星が入ってしまうほど巨大な空間に水を集めてしまうと、それ自身が重力で惑星のように丸くなってしまい、プールにはならないからです。

さて、土星の大気の表面は、アンモニアの雲で覆われていて、木星と同様に薄いながらも縞模様が見られます。木星ほどではないのですが、嵐のような擾乱《じょうらん》現象もときどき観測されています。内部構造も木星に似ていて、液体金属水素の層があって、その下に岩石や氷でできた中心核があります。木星と同様に、土星も自らかなりの熱を出しています。この発熱のメカニズムも面白いモデルが提案されています。もともと土星は軽いので水素やヘリウムがたくさんあるはずですが、実際に土星の大気の上層部を調べてみると、木星などに比べてもヘリウムは多くありません。これは水素と比較して、ヘリウムは重いために、次第に土星内部へ落下しているせいではないか、と考えられているのです。この落下は単純ではないようです。液体分子状態の水素中で落下してきたヘリウムは、土星の場合には金属水素中へそのまま融け込むことができません。そこで、ヘリウムはまとまって液滴となり、直径がある程度の大きさになると、金属水素の中をさらに中心へ向かって落下していくというのです。いわば、「ヘリウムの雨」というわけです。油に水を混ぜて放っておくと、水が粒状の塊になってゆっくりと沈下していきますね。そういうことが連続的に起きていれば、その分の位置エネルギーが熱になっていてもおかしくありません。土星も他の惑星に負けず劣らず、面白い天体であることは間違いないですね。

土星の周りには木星なみに60個あまりの衛星があるとされています。木星の衛星に引けをとらず、表情豊かな衛星群です。

さらに土星の周りを特徴づけるのはなんといっても、壮大な環でしょう。木星を含め火星より外側の4つの巨大惑星はすべて環を持っていますが、土星の環だけは小型の望遠鏡で見ることができます。

土星の環

土星は、その美しい環を抜きにして語ることはできないでしょう。土星の赤道半径は6万kmですが、環ははっきりしたもので、その2倍以上の約14万km、希薄なものまで含めれば8倍の約48万kmにまで広がっています。環の平面は土星の赤道面に一致しています。

環は発見されていった順番にアルファベットが付けられています。外側からE、G、F、A、

B、C、D環と並んでいます。それらはさらに無数の細いリングで成り立っていて、その細さや濃さはまちまちで、非常に複雑な構造をしています。特に、それぞれの環の間には、粒子が少ない隙間があります。特にA環とB環は濃いので小さな望遠鏡でもよく見える土星の環の主要部分ですが、その間の隙間は太くて目立ちます。この隙間は、発見した天文学者の名前から「カッシーニの空隙」と呼ばれていて、4700㎞もの幅があり、少し口径の大きな天体望遠鏡であれば、実際に観察できます。このカッシーニの空隙よりも外側1万5千㎞に広がった部分をA環、内側2万5千㎞に広がった部分をB環と呼びます。B環の端は、ちょうど土星の衛星ミマスの公転周期と2：1の整数比になっています。ミマスが土星を1周する間に、この部分の粒子はちょうど2周するのです。こうした共鳴によって、粒子の運動が不安定になり、粒子が失われるために空隙ができているとされています。また、A環内の中央部にも幅が300㎞ほどの隙間があり、こちらは「エンケの空隙」と呼ばれています。パンという土星の衛星が、この間隙の中を公転しています。

A環およびB環は、きわめて濃いのですが、他の環は薄くて天体望遠鏡ではなかなか見えません。B環の内側のC、D環は、もともと存在が予測されていたもので、非常に希薄ながらボイジャー探査機によって確認されました。一方、A環の外側にはF環、G環、そしてE環が存在します。どれも非常に希薄で、F環などには捻《ねじ》れた複雑な構造があることが知られています。

土星探査機カッシーニが捉えた土星の環の全体像
NASA/JPL/Space Science Institute

これらの環の領域は、一応名前は付けられてはいるものの、それぞれがさらに細い無数のリングの集合体であること、さらに空隙の中にも希薄なリングが存在していることが探査機の観測でわかっています。

環が発見された頃は、あまりに美しいので、レコード盤のような固体の平板ではないか、とも言われたことがありましたが、実際に環をつくっているのは細かい岩や氷の塊で、お互いにはつながっていません。場所によってはロケットで環の中に突っ込んでいっても、すーっと抜けていってしまうほどで、岩や氷がひとつひとつばらばらに土星を回っているのです。

環の成因については、まだわかっていません。かつて土星の周りを回っていた衛星の破片か、あるいは彗星か小惑星などの天体の破片とされています。破片同士も、お互いに衝突を繰り返しながら、次第にこのような美しい形を整えていったようです。環の中の細かな構造は、比較的小さな衛星が及ぼす引力の微妙な影響が作り出していますが、衛星から環へ粒子が供給されていることもわかっています。

ところで、望遠鏡でも眺めることができる壮大な環なのですが、その厚さは密度の高いところでもせいぜい数百m以下といわれています。これはきわめて薄いものです。地球から土星までは13億㎞も離れていますから数百ｍの厚さというのは、限りなく薄いといってもいいでしょう。地上でたとえてみると、ちょうど東京都心から100㎞ほど離れた富士山頂に置いた0・1㎜の紙よりも薄いことになります。そのために、環がほとんど見えなくなるときがあります。土星の自転軸が軌道面に対して約27度ほど傾いていますので、地球から見ると公転周期の半分、つまり約15年ごとに環を真横から見る位置関係になるからです。このときには環が見えなくなり、環の「消失現象」とも呼ばれます。ただ、土星の環は明るいので、土星の本体の近くの衛星を観測するには逆に好都合となります。実際に1995年、環が水平になったときにも、いくつかの衛星が発見されています。

2009年になって、驚きの発見がありました。この赤道面を巡る環のずっと外側に新しい環が発見されたのです。この環の半径はなんと1800万㎞、幅は約600万㎞、厚さ約1200万㎞もある、環というよりドーナッツ状の構造なのですが、なんと赤道面に対して27度も傾いているのです。こんなところに塵や氷の粒子が46億年も存在し続けるはずがありません。小さな塵や氷の粒子は、引力以外の力を受けやすく、その軌道がどんどん変化するからです。土星の外側にあっても次第に土星に落ち込んでいき、数億年するとなくなってしまいます。しかし、現在、そこに塵や氷の粒子があるということは、いまでも供給されているということになります。その供給源こそが、土星の衛星フェーベです。実は、この新しい環はフェーベの軌道面に沿っているのです。つまり、フェーベから徐々に塵や氷粒子が宇宙空間に放出され、それがこの環をつくっているといってよいでしょう。ちなみに、この環をなす粒子は、土星の自転の向きと逆行して公転しています。

この発見で、もうひとつの土星の衛星の謎が解けました。フェーベの内側を回っている衛星に直径約1400㎞ほどのイアペトゥスという大型の天体があります。この衛星は17世紀にすでに発見されていた衛星です。土星から約356万㎞ほど離れた場所を、周期約79日で公転しています。地球の月と同様、イアペトゥスの公転周期と自転周期は同じです。つまり一回公転するごとに一回自転しているので、地球から見ても一公転で、ぐるりと一回自転して見えています。ところが、この衛星を観測すると、地球へ向かってくる位置関係の時は12等ほどと、やたらに暗くなってしまい、逆に遠ざかるときには10等ほどと、かなり明るく見えるという謎の天体でした。その謎は探査機が接近して解けました。イアペトゥスは、全体の内、半分の表面がとても暗くて、もう一方の半球がとても明るく、非常にはっきりと2つに分かれていたのです。では、この明暗の差はどんな原因によるのでしょう。

これまではイアペトゥスの内部から何かが噴き出して半球だけを暗くしてしまったという内部説と、土星周囲に存在する塵などが長年にわたって降り積もった外部要因説とがありました。最終的に先ほど紹介したフェーベが放出する塵などの微粒子の存在が確かめられたことから、順行しているイアペトゥスの公転面に面した半球に、フェーベから生まれた逆行する塵や粒子が降り積もって、暗くなったことがわかったわけです。それだけでなく、暗くなった半球では太陽の光をより吸収しやすくなって暖まり、表面直下の氷を蒸発させています。畑に積もった雪を早めに溶かすときに、その畑に灰をまいたりしますが、それと同じです。こうして蒸発したガスは明るい半球や極地方に移動します。そこでは太陽光をあまり吸収していないので、温度が低いために、ガスが再び凍りつきます。ピカピカしている白い半球はますます白くなっているわけです。

バラエティ豊かな土星の衛星群

土星には60個あまりの衛星がありますが、実にバラエティに富み、かつ謎に満ちています。例えば、イアペトゥスの場合、半球の明暗差の原因はわかったのですが、他に見られない地形の謎はまだ解けていません。赤道上に高さ13㎞もの高い尾根が取り巻いているのです。その長さは1300㎞にも及び、全体がまるでクルミのようです。自転速度の急変や、衛星そのものの急冷による収縮、あるいは小さな孫衛星の破片の集積など様々な説がありますが、これだけきれいに赤道部だけに尾根ができるのも不思議です。

さらに、まるでスポンジのような表面を持ついびつな衛星もあります。土星から約148万

㎞のところを21・3日で公転するヒペリオンです。大きさは長径が360㎞なのに対して短径が190㎞といびつな衛星ですが、その表面の様子は他の天体にはまったく見られないほど深いクレーターに覆われています。通常、クレーターは大きさに対して深さは浅い浅底型なのですが、ヒペリオンの場合は、その直径数㎞に対して、深さが数百mと、1割に達するほどです。平均密度が一立方センチメートルあたり1gを下回り、0・5〜0・6gで、氷衛星というよりも、すかすかの雪衛星ともいえるでしょう。クレーターをつくるような小天体が衝突しても、ずぼっとめり込んでしまうのではないか、と考えられています。

クレーターでいえば、直径の3分の1ほどもある巨大なクレーターが明瞭に残されている衛星もあります。土星のごく近く、18万6千㎞のところを約22時間40分ですばやく公転しているミマスです。直径は約400㎞ほどですが、直径が130㎞もある巨大なハーシェルと呼ばれるクレーターがあるのです。その様子は、映画「スター・ウォーズ」に登場する宇宙の要塞「デス・スター」のようです。このクレーターをつくった天体が、ほんの少し大きかったら、ミマスは粉々になって存在していなかったかもしれません。なお、クレーターの反対側（対極点）では、衝突による衝撃波が再び集まってできた破砕地形があります。ミマスは、その引力の影響で土星の環の中にあるカッシーニの空隙をつくっている衛星です。

土星探査機カッシーニが成し遂げた衛星に関する数々の発見の中で、最も特筆すべきがエンケラドゥスの間欠泉ではないでしょうか。この衛星は土星から約24万㎞の場所を周期約33時間ほどで公転しています。その直径は500㎞ほどと、それほど巨大な衛星ではありません。もともと反射率が極めて高く、表面はピカピカしたフレッシュな氷で覆われていて、クレーターも多くありません。そんなことから、表面は更新され続けていると思われていましたが、その原因こそが、南極に近い場所にあるタイガー・ストライプという縞模様のあたりから噴き出している間欠泉でした。この模様は、いわば表面の氷の地殻のひび割れです。そこから噴出するのは水や水蒸気で、噴き出した後はすぐに氷になってしまいます。こうして新しい氷が、絶えず表面に降り続けているのです。それだけでなく環に新しい粒子も供給しているようです。

噴出物の中からは、有機物や塩（塩化ナトリウム）、炭酸塩も検出されています。さらに2015年には、東京大学や海洋研究開発機構などの研究者を含めた国際チームが、岩石と熱水が反応してできる鉱物の微粒子「ナノシリカ」を見つけました。ナノシリカができるためにはセ氏90度以上の熱水環境が必要で、現在でも地下の海は暖かく、活動が続いていることを示します。さらにエンケラドゥス本体の振動から、地下の海は衛星全面を覆っていることも示唆されました。いずれにしろ、地下には海があり、それが岩石と接していることは確実でしょう。実は、地球の深海底の熱水噴出孔周辺は生命が誕生した可能性が高い場所であるとされています。もしかすると、この衛星の地下には地球の深海のような生態系がすでにできあがっているのかもしれません。

　土星最大の衛星であるタイタンも注目に値する天体です。直径5千㎞と水星よりも大きい天体で、衛星の中では唯一濃い大気を持っています。表面の大気圧は地球大気の約1・5倍の1500ヘクトパスカル、表面温度はセ氏マイナス180度ほど、主成分は窒素です。地球より小さなタイタンに、どうしてこれほど濃い大気が存在するのか、また主成分がどうして窒素なのか、あまりよくわかっていません。

　さらに驚くべきは、地球と同じように雨が降り、湖や海をつくっていることです。もちろん、水は氷の大地となっていますから、液体になっているのはメタンやエタンなどの炭化水素です。これらがちょうど地球の水の役割をしているのです。カッシーニ探査機は、子探査機ホイヘンスを2005年にタイタンに着陸させました。着陸途中、上空から撮影した画像には、まるで地球の川のような地形がくっきりと写っていました。雨が降り、氷の大地をえぐった跡です。

また、タイタンの火山活動はエンケラドゥスと同じく、水がマグマになって噴き出してくるタイプです。水の溶岩が流れ、それが凍って大地をつくっています。タイタンでは水が地球の岩の役割をしています。極地方のレーダー観測では、実際にメタンやエタンの湖が存在することがわかっています。液体が表面に存在すれば、そこで生命が発生しているかもしれないとも考えられます。なにしろ、液体の主成分そのものが生命の材料である、炭素を多く含む物質です。

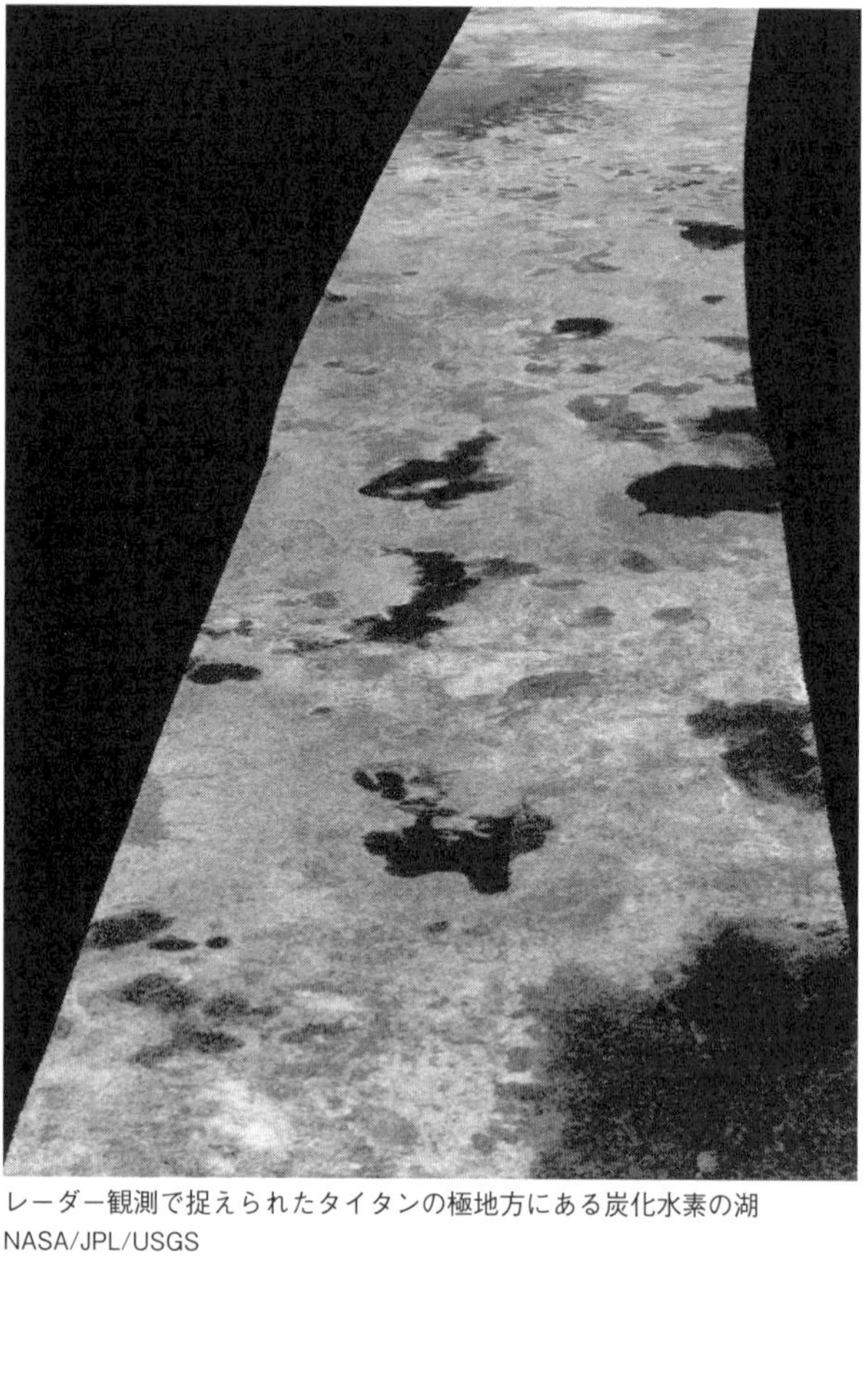
レーダー観測で捉えられたタイタンの極地方にある炭化水素の湖
NASA/JPL/USGS

ただ、低温なので、化学反応のスピードが遅いのは大きな欠点かもしれません。タイタンで生命が発生していても、地球やエンケラドゥスの地下の海での生命とはまったく違った種類になっているでしょう。

〈土星を観察してみよう〉

土星は、あらゆる天体の中でも最も人気のある観察対象のひとつです。あの環の美しさは、それを見た人は誰でも魅了されてしまいます。かのガリレオは土星にも望遠鏡を向けたのですが、残念ながら性能が悪かったため、奇妙な耳のようなものを本体のそばにあるスケッチとして残しただけで、その正体を環と見破ることはできませんでした。ちょうど土星が地球に対して横向きになっている時期に近かったこともあって、環が見えにくかったのです。環であると見破ったのはオランダのホイヘンスでした。いまでは小さな望遠鏡でも口径が５㎝以上で、倍率が30～40倍以上あれば、環を眺めることができます。

他の惑星と同じく、年鑑やインターネットで土星がどこに見えるかを調べてから、望遠鏡を向けましょう。土星は木星に比べてやや暗いのですが、それでも0等星ですので、すぐにわかるはずです。

環の見え方は年によって変わります。これは地球に対して環の傾きが変わるためで、15年に一度環が真横を向き、見かけ上、ほとんど見えなくなってしまいます。最近では２００９年にそのような状態になりました。環のない土星は、珍しいものではありますが、やはりなんとなく間の抜けた姿でした。いずれにしろ、次回同様の現象が起きるのは２０２４年頃です。その中間である、２０１６年から２０１７年には環が大きく開いて見応えのある姿となります。10㎝クラスの望遠鏡では、その倍率を上げると、環の中にも隙間があるのがわかるでしょう。カッシーニの空隙です。この空隙の外側１万５千㎞にわたってＡ環が、内側２万５千㎞にＢ環があります。Ｂ環の内側のＣ、Ｄ環や、Ａ環の外側のＦ環、Ｇ環、そしてＥ環は非常に希薄で見ることはできません。いずれにしろ、美しい環の様子をスケッチして記録しておくといいでしょう。数日では、その様子は変化しませんが、翌年には環の傾きが変わっているのがわかります。

土星にはあまり目立つ衛星はありません。最も大きな衛星タイタンは16日という周期で土星を回っています。明るさは8等で、10㎝クラスの望遠鏡ならば、簡単に見ることができますので、その動きを追ってみるのも面白いでしょう。

天王星

天王星の基本

天王星は土星の外側、太陽からの距離約29億㎞ほどの場所を約84年で公転する太陽系の7番目の惑星です。見かけの明るさは5等級台になることもあるのですが、通常は肉眼で見えません。その存在は、天体望遠鏡が使われるようになって、しばらく経《た》った1781年、イギリスの天文学者ハーシェルによって発見されました。

天王星は地球の約4倍ほどの大きさで、赤道半径2万6千㎞と、木星、土星に次いで、太陽系第3の大きさを誇っています。ガスに覆われた巨大惑星ですが、内部には岩石を含む氷の大きな核があるので、海王星とともに巨大氷惑星と呼ばれています。

天王星を望遠鏡で見ると、やや緑がかった青色をしていますが、これは大気中に含まれるメタンが赤色を吸収しているためです。あまり特徴のない、のっぺりとした構造で、その表面にはほとんど特徴的な模様は見えません。メタンが凍って雲になっていることが土星や木星と異なるところですが、縞をつくるアンモニアの雲が、このメタンの雲に覆い隠されているせいで、模様がはっきりしていないのかもしれません。

天王星の大きな特徴は、その自転軸が軌道面に対して約98度も傾いていることです。つまり、ほぼ横倒しの状態で太陽を回っているのです。こんな妙な惑星は天王星だけです。そのため、天王星は公転軌道の場所によって、太陽の当たり方が極端に異なります。赤道部が太陽を向いているときには、ほとんどの場所で、自転周期である17時間ごとに太陽の光が当たります。しかし、南極や北極が太陽を向いているときだと、南半球あるいは北半球だけに太陽光が当たり続けます。その意味では、北極や南極では昼夜が公転周期の半分である42年間も続くことになります。

どうして自転軸がこれほど傾いているのか、あまりよくわかっていません。惑星成長の最終段階で、大きな原始惑星が原始天王星に衝突し、傾いたのではないかとも言われています。しかし、かなりの数の衛星や環も傾いた天王星の赤道面に沿って公転していますので、急激な自転軸の傾きに追随したとは思えません。そこで、自転軸はなんらかのメカニズムでゆっくりと傾いていったのではないか、という説もあります。その折衷案として、2011年には、地球サイズの原始惑星が2回続けて衝突することで傾いた、という説も提案されています。

ところで、面白いことに天王星に接近したボイジャー2号の観測では、天王星の磁場の軸（N極とS極を結ぶ磁軸）は、自転軸に対して60度も傾いていることがわかりました。むしろ、磁軸の方が公転面に垂直方向に近かったのです。しかも、その磁軸は、惑星の中心を通っていませんでした。地球や太陽の全体の磁場は、しばしば逆転しますが、天王星の場合、いままさにその逆転が起きつつあるのかもしれません。いずれにしても、天王星は太陽系で最も

"へそ曲がり"の惑星と言えそうです。

天王星は27個の衛星を持っています。他の巨大惑星の衛星と同じで、赤道面に沿って天王星の自転と同じ向きに公転している規則衛星群と、もっと外側の逆行衛星群があります。規則衛星群は地球から見ると、ほぼ垂直に天王星を回っているように見えます。半径が千㎞を超えるような大型の衛星はありませんが、奇妙さはひけをとりません。例えば小型の衛星ミランダには、四角形、あるいは台形のような溝が目立ちます。あたかも、それまでできたであろうクレーターを消し去っているかのようです。もっと大型の衛星なら、内部からの発熱による地質学的な活動で説明できると思いますが、直径がせいぜい500㎞足らずの衛星で、それほど発熱するはずはありません。しかも、このような地形は他の天体では見られないものです。衝突による変形なのか、あるいは天王星の潮汐力の作用によるものか、よくわかっていません。

また、天王星には細い環があります。環も天王星の赤道面に沿っていますので、地球から見ると、ほぼ垂直に天王星を取り巻いています。天王星の環は、もともと1977年に恒星が天王星本体の背後を通過する前後に、その恒星がなにかに隠されて、減光されたことから発見されました。月が星を隠す掩蔽《えんぺい》はよく起こるのですが、惑星は見かけの大きさが小さいために、恒星を隠す確率は少なく、めったに起こりません。星の光が惑星に隠され、光が徐々に弱くなっていく様子を観測できれば、その惑星の大気の構造がわかるので、とても貴重な現象です。

ということで、観測条件のよい日本の当時の東京天文台堂平観測所やオーストラリアをはじめ、太平洋領域の各観測所は、一斉に観測をしました。アメリカの飛行機を改造した空飛ぶ天文台「カイパー天文台」も南太平洋上を飛行しながら観測を行いました。これらのデータから環が見つかったのです。内側からα、β、γ、δ、εと命名され、αの内側に3本、βとγの間に1本（η）、それに後になって探査機が発見した2本などが追加され、合計13本ということになっています。

天王星の環は土星の場合に比べて非常に薄く、しかも環を構成している粒子がずいぶん黒っぽいので、普通の光、すなわち可視光ではあまり光っていません。ところが、赤外線などで眺めると、天王星本体がまとっているメタンのガスが赤外線を吸収するため暗くなるので、相対的に環のほうが明るく光っている様子が撮影されます。

細い環を保つ羊飼い衛星たち

天王星の環や土星の環の中には、しばしばかなり孤立した細いリングが存在します。特に、比較的、離れたところにある天王星のε環は、数ある環の中でもとりわけ細いことが知られています。環を構成しているのは、大小の氷や岩のかけらや砂粒ほどの小さな粒子なので、長い年月の間、お互いに衝突を繰り返しながら、その幅は自然に広がってしまうはずです。どうして細いままでいられるのか、実に不思議です。

その謎を解いたのは、1986年に天王星に接近した探査機ボイジャー2号でした。カメラが捉えたのは、ε環のすぐ内側と外側とを公転している、ほぼ同じような大きさの2つの衛星でした。コーデリアとオフェーリアと命名された、これらの衛星は、その引力で両者の間にある環の粒子が広がらないような作用を及ぼしていたのです。小さな衛星でも引力はばかになりません。環の粒子は衛星の引力を受けて引き寄せられようとします。実際、よく見ると環の粒子がごく一部吸い寄せられるように環が変形していることもあります。しかし、これはごく一時的な現象で、公転周期が異なるために、その影響は平均化され、逆に環の粒子の軌道運動をまとめて律する作用を及ぼします。衛星は内側と外側にあるために、その中間にある環の粒子は結局はどちらからも律せられるので細いまま、まとまっているのです。この様子は、あたかも群れを離れる羊を群れに引き戻すべく見張っている羊飼いの犬に似ているので、こういった衛星を「羊飼い衛星」と呼んでいます。こうした小さな衛星の絶妙なコントロールの上で、細い環は成り立っているのです。

このような羊飼い衛星は、天王星だけではありません。土星のF環も土星の環の中では幅が数百㎞ときわめて細い環で、両側にパンドラとプロメテウスという2つの羊飼い衛星があることがわかっています。また、片側だけではありますが、土星の最も雄大な環であるA環の外側には、アトラスという衛星があり、これがA環の外側を律している羊飼い衛星でもあります。

それにしても、どのようにしてこうした羊飼い衛星と細い環が生まれたのでしょうか。最近の研究によれば、衛星がある程度成長し、その内部に高い密度の核を持つようになってきた段階で、それらが衝突すると、衛星の外側はどちらも部分的に破壊され、中心核だけが生き残った2つの羊飼い衛星となり、その間に挟まれた軌道に破壊された粒子が分布して、細い環ができるという結果が発表されています。

こういった羊飼い衛星のような役割を果たしている小さな衛星が、実は見えていないだけで土星にはまだたくさんあるのかもしれません。

とても興味深いことに、天王星の発見者であるウィリアム・ハーシェルは、環の観測をして、それを報告にまとめています。1797年12月に発表されたハーシェルの論文に記述された環のデータは、現在の環と比較してみると、環の大きさだけでなく、環が公転軌道と垂直であることや天王星の公転によって変化する環の向きも一致しているのです。驚くべきことに、ε環は少し赤みがかっているのですが、その色まで一致しています。さすがに現在の環の薄さを考えると、とても当時のハーシェルの天体望遠鏡で見ることはできそうにはありません。1797年に環が実際に発見されるまで、他の誰も観測できなかったのも不思議です。これまでハーシェルの環に関する主張は単なる誤りとして退けられてきましたが、もしかすると数百年というきわめて短い時間で環も変化し、そのたまたま濃い時代に、鋭眼のハーシェルだけが環を見たのでしょうか。

海王星

海王星の基本

海王星は太陽系最遠の惑星です。天王星発見後、その位置の観測から、天体力学を駆使した理論的な予測に基づき1846年に発見された惑星で、イギリスの天文学者アダムスとフランスのルベリエ、それに実際に観測をしたベルリン天文台の天文学者ガレが発見者とされています。明るさは天王星よりも暗く、約8等級なので、天体望遠鏡を使ってしか見ることはできません。

太陽からの距離が約30天文単位、実に45億㎞も離れている最遠の惑星なので、公転するスピードは遅く、太陽を一周するのに約165年もかかります。発見されてから、2011年になって、やっと一周したところです。

本体は赤道半径が2万5千㎞と太陽系では4番目の大きさで、天王星と同じく、中心に岩石を含む氷の核を持つ巨大氷惑星です。海王星は極寒の世界と思われがちですが、意外にも表面の温度は太陽光の量から推定される予想よりも数十度以上も高く、内側の天王星とほぼ同じです。これは海王星内部に、かなりの熱源があるためだと考えられています。そのためか、海王星は天王星と比較しても大気の活動が活発です。のっぺりとした天王星に対して、海王星では緯度マイナス20度付近に巨大な大黒斑（暗斑）があって、それを取り巻くようにして輝くメタンの白い雲や、スクーターと名付けられた高速で移動する雲、絹雲のような雲など、大小様々な種類の模様が、1989年の探査機ボイジャー2号の接近時に観測されました。ところが、1994年のハッブル宇宙望遠鏡の観測では、この大黒斑が消えていることがわかりました。そのかわりに北半球に新しい黒い斑点が見られました。海王星の気象はかなりダイナミックのようです。なお、海王星が全体として青く見えるのは、大気中にあるメタンが赤色の光を吸収するためです。

海王星の自転周期は、探査機接近時の雲の動きの観測から16時間あまりとされています。しかし、これは1989年のほんの一瞬の観測から割り出したものであること、上空の猛烈な風の影響を十分に考慮できなかったこともあって、それほど正確とはいえませんでした。しかし、ハッブル宇宙望遠鏡や地上の天体望遠鏡でも模様が観測できるほど精度が向上していったことから、探査機接近時から今日までの20年以上にわたる様々な画像を解析したアメリカの研究グループは、2011年に正確な自転周期を割り出しました。長く見え続けている特徴的な模様、南極付近に見える特徴的な模様と波の構造とを用いて割り出した周期は、15・9663時間と、16時間を少し割り込む値でした。巨大惑星の場合、自転周期が何を表しているか、かなり慎重な検討が必要ですが、少なくとも観測技術の進歩によって、こうした基本的な物理量でさえ、どんどん更新していることを示すよい例といえるでしょう。

海王星にも薄く細い環があります。また、他の巨大惑星と同様に、衛星も本体近くの衛星群と、外側の逆行衛星に分かれています。ただ、海王星にはきわめて特異な衛星がひとつあります。衛星トリトンです。これについては後に詳しく紹介します。ちなみに外側の衛星群は、日本のすばる望遠鏡による発見が多数を占めています。

海王星の発見物語

海王星が発見された経緯は科学史に残るきわめて面白いストーリーで、実に示唆に富んでいます。ここでは少し詳しく紹介しておきましょう。1781年にハーシェルによって発見された天王星は、それまで最果てと思われた土星の外側にも未知の天体があることを教えてくれることになりました。天王星は、ぎりぎり肉眼でも見えるか見えないかの明るさだったため、その後、過去の観測記録の中から天王星らしき天体が恒星として記録されたデータも見つかっていきました。こうして天王星の運動の解析が進むにつれ、どうも天王星の位置が、通常の惑星の引力だけを加味した予測からずれていることがわかってきました。なにしろ、話題の新しい惑星ですので、天王星の運動の謎を解きあかしたものには賞金を出そうという大学まで現れました。

当時は、ケプラーの惑星運動の法則がニュートンの万有引力の法則によって説明されてから1世紀以上経過していましたから、万有引力の理論を元にした惑星運動の詳細な理論が構築されつつある時代でした。天体力学の黄金時代といってもよいでしょう。望遠鏡を含めた観測技術も進歩していましたが、そうした天体望遠鏡による位置観測の精度をしのぐほどの精密な理論がつくられていった頃です。そんな中、天王星の運動が、他の惑星からの重力を加味しても説明できないことが明らかになったのはかなり大きなミステリーでした。

この謎解きに挑戦したのが、フランスの若き天文学者ルベリエとイギリスの数学者アダムスです。このふたりはほぼ同時に同じ答えに辿り着きます。天王星の予測位置と実際の位置の差が、天王星のさらに外側に未知の惑星が存在すると仮定すれば解決できることを発見したのです。両者ともその未知の惑星がいるであろう天球上の場所まで推定しました。ところが、です。その後の経過で、両者の運命は大きく異なっていきます。

アダムスは、自らの計算結果を抱えて、当時の天文学の中心地でもあったグリニッジ天文台を訪問しました。天文台長に捜索観測を依頼するためです。しかし、いつの世も台長は忙しいものでした。不幸なことに、アダムスが訪問したとき、台長は留守だったのです。彼は、しかたなく、計算結果を記したレポートを台長室の机の上に置いて、立ち去ってしまいました。結局、そのレポートは重視されることはありませんでした。グリニッジの台長といえば、世界の天文学のトップであり、管理職の仕事に忙しく、無名の若手数学者のレポートを読む余裕もなかったのでしょう。この間、アダムスはケンブリッジ天文台へも依頼をし、台長のジェームス・チャリスが数ヶ月の間、捜索を試み、その領域の星の位置を正確に記録しました。

一方、フランスのルベリエは、計算結果をドイツのベルリン天文台の台長であるガレのもとへ送って、捜索を依頼しました。ガレは、その予想された天域の捜索を、助手のダレに指示し、あろうことか、その夜のうちに発見してしまったのです。ルベリエが幸運だったのは、その捜索をベルリン天文台に依頼したことでした。当時のベルリン天文台は、今でも天文学者の間でよく知られている詳細な「ボン星図」の制作を進めているところでした。しかも予測された、みずがめ座付近の星図はすでにできあがっていたために、その星図にない未知の惑星をいとも簡単に見つけることができたわけです。時に1846年9月23日のことでした。

この海王星の発見は、一大ニュースとして大きく報じられると同時に、まさに天体力学の勝利と謳われた事件でした。さらに天文学者が紳士的だったことに、発見の栄誉はイギリスのアダムスにも与えられました。予測した場所は、実はアダムスもルベリエもほとんど同じだったことに加え、(しかも後になって判明したことですが) 観測を依頼されたチャリスは2回も海王星の位置を測定していたのです。というわけで、海王星の発見者はアダムス、ルベリエ、ガレの3人ということになっています。彼らの名前は、海王星の環にも命名され、永遠に残されることになったのです。

海王星の奇妙な衛星・トリトン

海王星の衛星には奇妙なものが多くあります。とりわけ奇妙なのは、直径が約2700㎞と最も大きな衛星であるトリトンです。海王星から約35万㎞と比較的近い場所にありますが、なんと惑星の自転とは逆に周期約5・9日で公転する逆行衛星なのです。通常、逆行衛星は巨大惑星の最外縁を回る小衛星群なのですが、トリトンほど惑星に近く、かつ大型の衛星というのは太陽系では他にはありません。その軌道も赤道面から23度も傾いています。どう考えても不思議な衛星です。

トリトンは、海王星に近いため、自転と公転が同期しています。つまり、周期約5・9日で、海王星を一周すると同時に、ぐるっと一回自転しています。これは地球と月と同じ状況です。ところが、逆行軌道であるためにトリトンは軌道運動のエネルギーを海王星に渡してしまうため、次第に海王星本体へと近づいています。地球から遠ざかっている月とはまったく逆のケースです。いずれ、トリトンは海王星に近づき、ロッシュ限界を超えると考えられます。

ロッシュ限界とは、それ以上、惑星に近づくと天体が引き裂かれてしまう限界距離です。月が地球に対して潮の満ち干を起こしているのはご存じでしょう。これを潮汐作用といいます。同時に地球も月に潮汐作用を及ぼしていて、固体であってもほんの少し変形しています。天体がかちかちに堅い金属のようなものであれば別ですが、岩石や氷のような成分が多いと潮汐作用は大きくなり、惑星に近づけば近づくほど大きくなります。こうして、衛星や、たまたまやってきた小天体などがロッシュ限界よりも内側に入ってしまうと、惑星の潮汐作用によって破壊されてしまうのです。

実際に、1993年にばらばらの状態で20個以上もの破片として発見されたシューメーカー・レヴィ第9彗星は、軌道計算によって、その発見前に木星のロッシュ限界を超えて近づいたために、その潮汐作用で分裂したと考えられています（この彗星群は、最終的には1994年に木星に衝突してなくなってしまいました）。

ロッシュ限界を超えて海王星に近づいたトリトンは粉々に破壊されて、その破片が海王星を取り巻く見事な環になると思われています。トリトンの大きさを考えると、破片の量は半端ではありません。そのときには海王星は土星のように天体望遠鏡で眺めても、立派な環が見える惑星になっているかもしれません。もちろん、そんなことが起きるのは、遠い未来の100億年後の話なのですが、ぜひ見てみたいものです。

ちなみにトリトンには木星の衛星イオと同じく、火山があります。ただイオと異なるのは噴き出すのが溶岩ではなく、氷の蒸発したガスだということです。土星の衛星エンケラドゥスと同じく、いわゆる氷火山です。探査機の撮影した画像には、トリトンの表面から何らかの物質が局所的に噴出している様子が映し出されています。黒っぽい噴煙がトリトンの希薄な大気に流される様子が観測されているのです。噴出物は窒素と考えられています。また、赤道部には、マスクメロンの皮のようなモザイク模様が見られます。氷の地殻が膨張と収縮を繰り返したときにできたもので、クレーターがあまり見られないので、かなり新しい地形です。トリトン全体には非常に希薄な大気が取り巻いていますが、その主成分は窒素と考えられています。太陽系外縁の極寒の地でも、こういった地質学的あるいは気象学的な活動があるのは驚くべきことです。

トリトンの他に、第2の衛星であるネレイドもきわめて奇妙な天体です。トリトンと違って軌道は順行なのですが、細長い楕円で、その真円からの歪み具合を表す離心率は0・75。きわめて歪んだ軌道なのです。どうして、このような衛星系ができあがってしまったのか、よくわかっていません。もともと順行だったトリトンが他の天体との衝突で、逆行になってしまったとか、外側からやってきたトリトンが海王星に接近してつかまってしまったときに、素直な円軌道を公転していたネレイドがはじき出されたともいわれています。

口絵⑰　2001年に、日本で一時間数千個の大出現をした、しし座流星群

口絵⑱　ボイジャー２号が接近して撮影した海王星。
大暗斑と、白いメタンの雲が見える

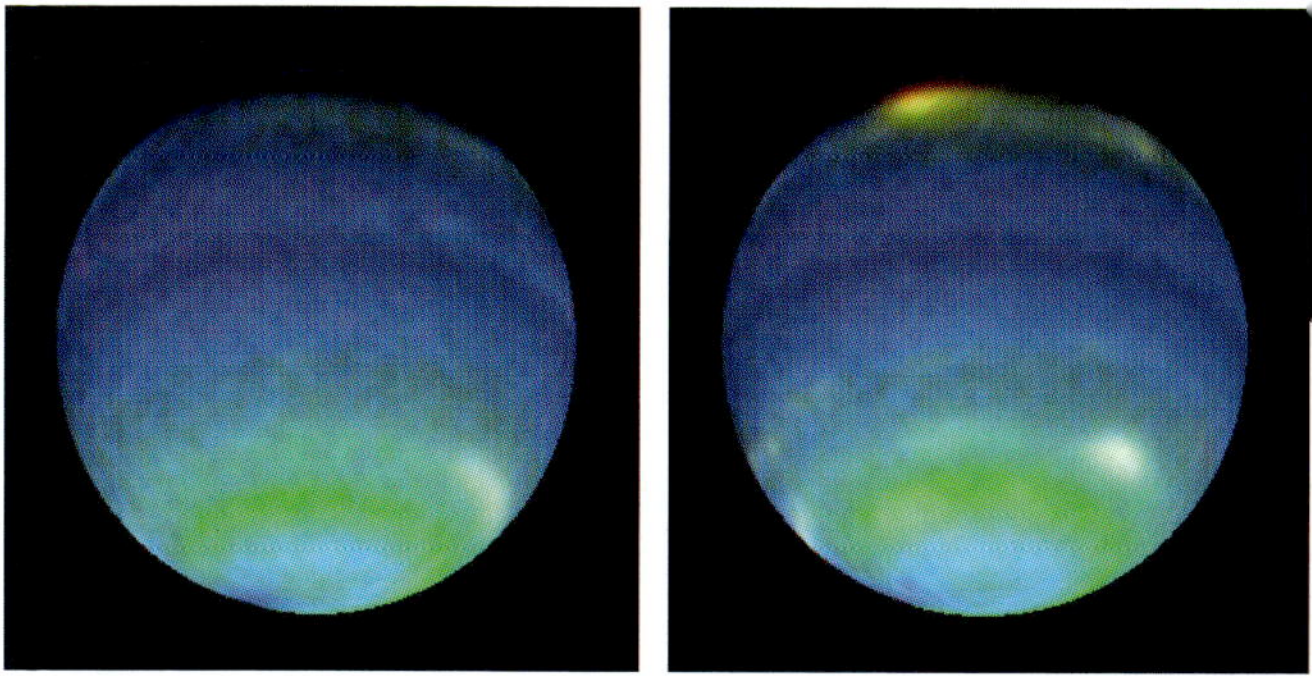

口絵⑲　ハッブル宇宙望遠鏡が近赤外線で捉えた海王星の自転による変化

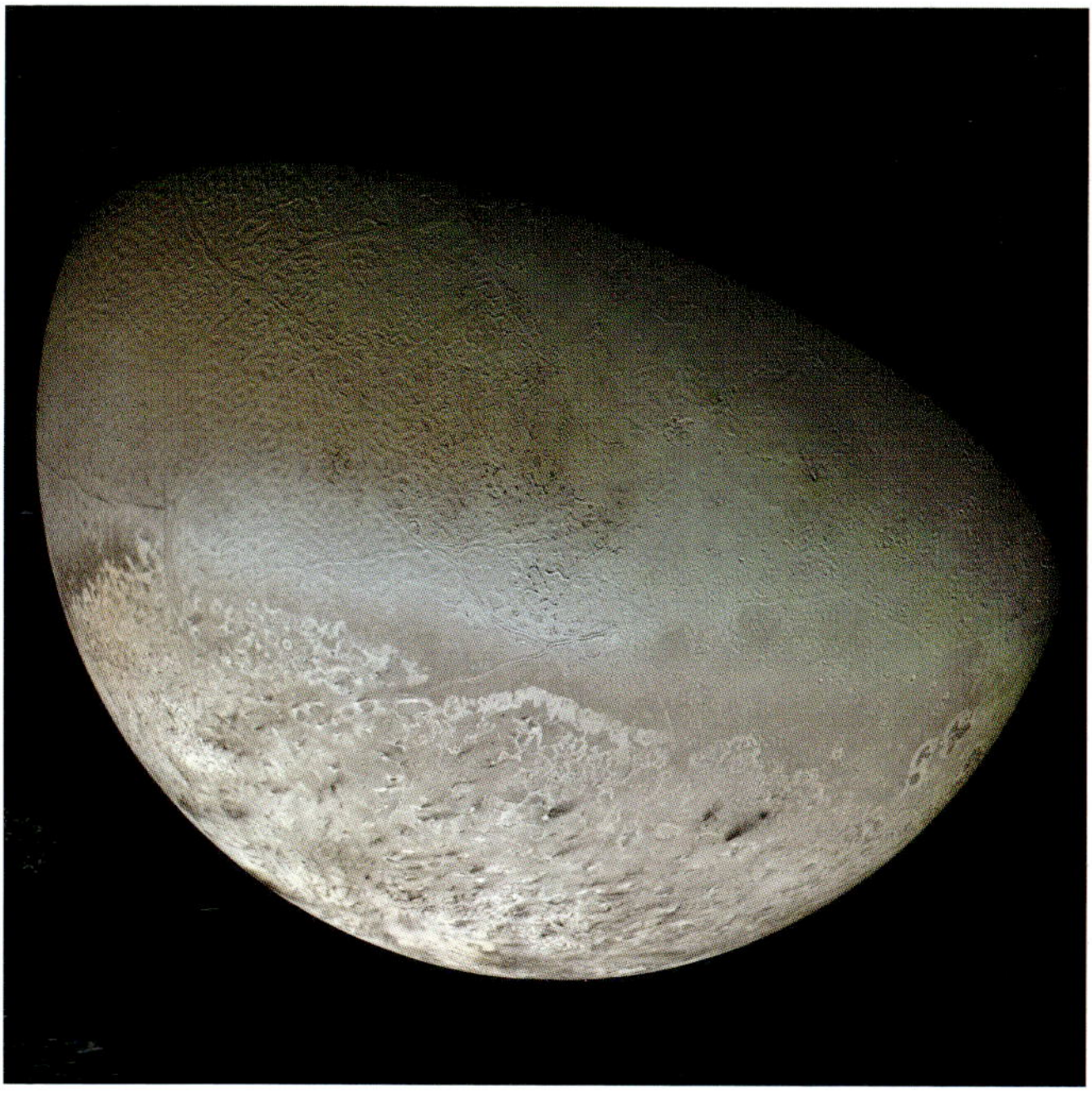

口絵⑳　海王星の衛星トリトン。ところどころに黒い噴煙の跡が見える

口絵㉑　ニュー・ホライズンズが接近中に撮影した冥王星の姿。白いハートマークの地形が目立つ

口絵㉒　太陽に対して冥王星の背後に回った探査機が捉えた冥王星の大気

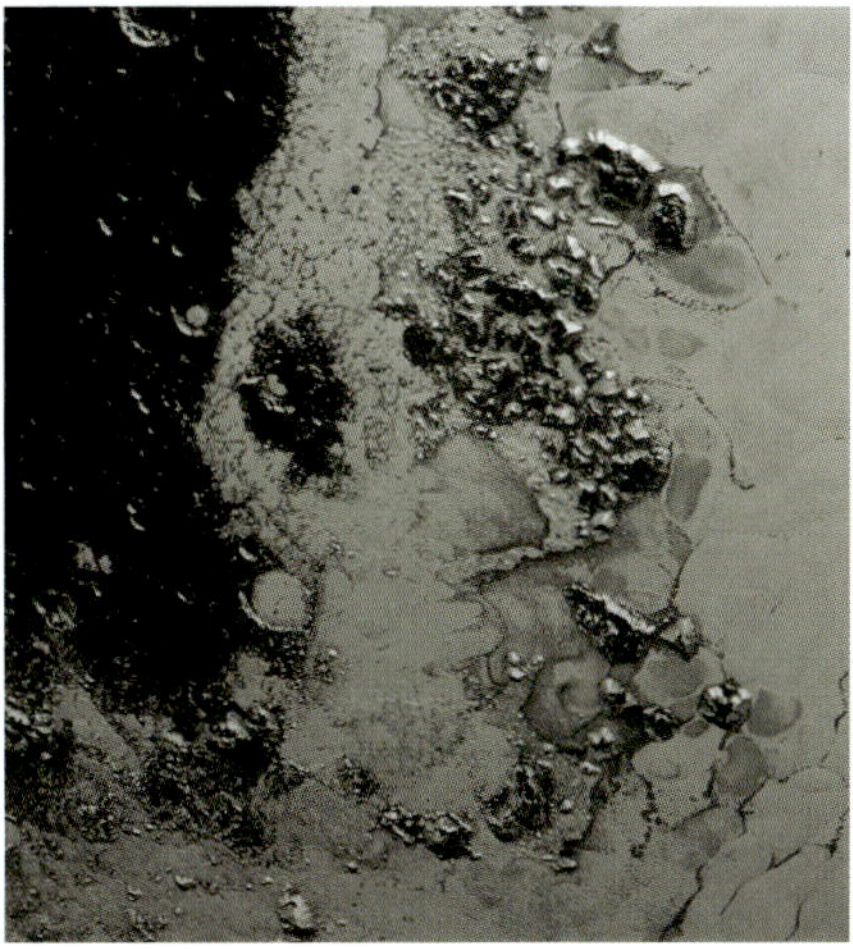

口絵㉓　冥王星の白黒模様の領域の境界。白い領域側には三千メートル級の氷の山が並んでいるのがわかる

口絵㉔　1997年に出現したヘール・ボップ彗星。
青いイオンの尾と幅広い塵の尾がわかれている

口絵㉕　彗星探査機ロゼッタが接近して撮影した、
チュリュモフ・ゲラシメンコ彗星の核

口絵㉖　小惑星探査機ドーンによって撮影されたケレス。クレーターの中の光点は何らかの氷と考えられている。この領域は、Hanami（花見）高原と命名されている

口絵㉗　チリのＶＬＴ望遠鏡サイトでみた黄道光

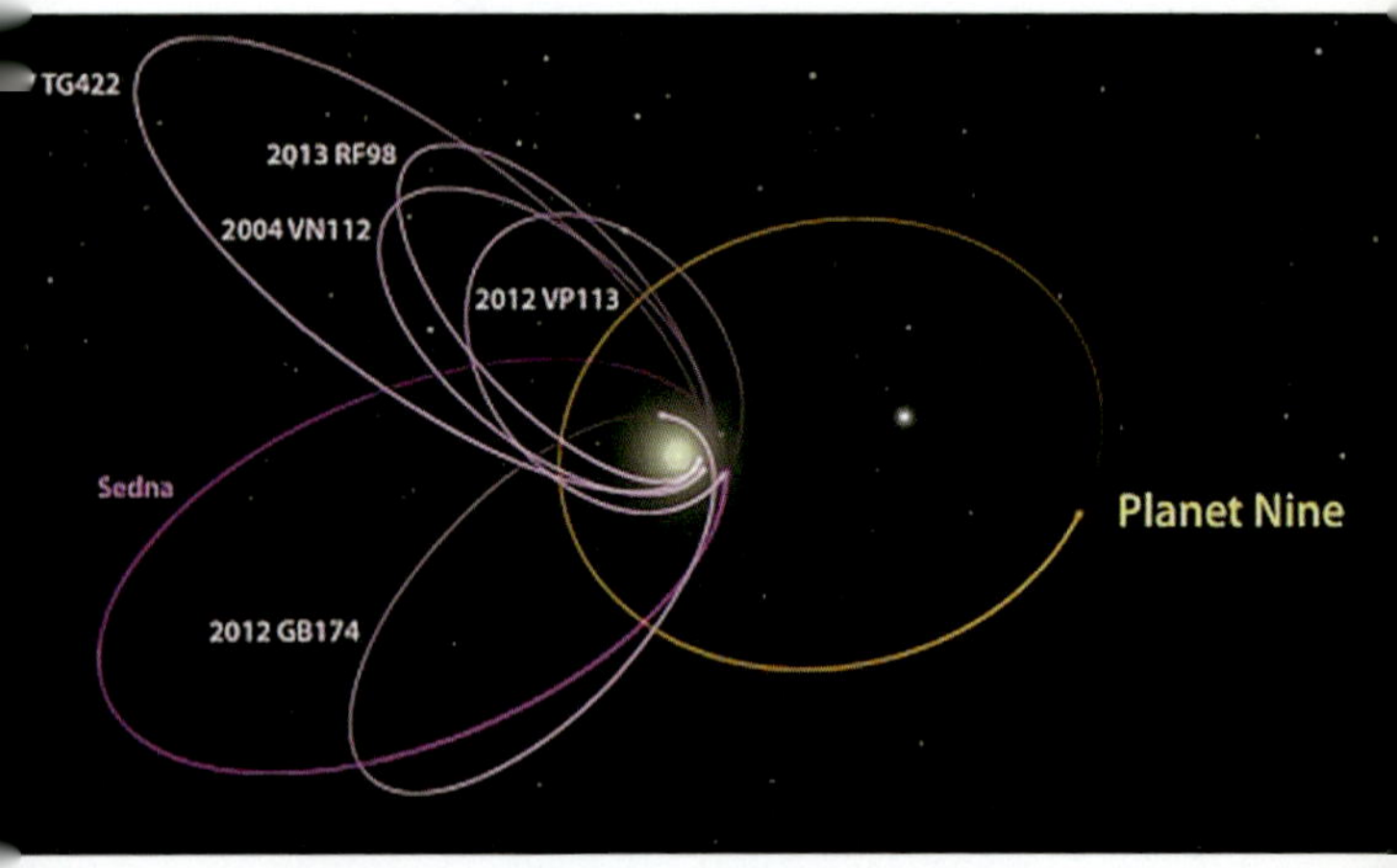

口絵㉘　セドナなど6つの太陽系外縁天体の軌道と「第9惑星」の予想軌道

第三章　きらりと光る脇役たち
——太陽系小天体

惑星や準惑星を除いた太陽系の天体を、まとめて太陽系小天体と呼んでいます。その特徴からさらに細かく、小惑星、彗星、太陽系外縁天体、惑星間塵に分類されています。ただ、一般には、惑星の周りを回っている衛星は含みません。

小惑星

小惑星の基本

小惑星は、主に火星と木星との間に軌道を持つ小さな岩石質の天体です。小惑星が数多く集中している、この領域は小惑星帯（メインベルト）と呼んでいます。19世紀の初めにイタリアの天文学者ピアッジが、最初の小惑星ケレスを発見してから、現在までに軌道が確定した小惑星は46万個に達しています。大きさは、このケレスが最大で直径１０００kmほどですが、小さいものほど数が多くなっていますが、５００メートルサイズまで含めると全部で約１６０万個もの小惑星があると推定されていますが、全体の質量をあわせても、せいぜい月の質量の15％程度しかありません。第一章で紹介したように、この領域は太陽系誕生時に木星の強い影響を受けて、惑星になる材料がなくなってしまい、ある程度まで成長した原始惑星クラスの天体も、いくつかは破壊されたと考えられています。いまでも軌道の似通った小惑星のグループがあり、族（ファミリー）と呼ばれていますが、その存在は小惑星帯での破壊の証拠とされています。族については、後で詳しく紹介します。

小惑星帯に属する小惑星は、一般には黄道面に沿って、ほぼ円に近い順行軌道を描いています。ただ、その分布は一様ではなく、ところどころに土星の環の間隙のように、小惑星が少ない領域があります。この空白域は、小惑星の公転周期が木星の公転周期と1：3などという整数比になっていて、木星の影響を受けやすく、いわゆる共鳴によって小惑星が軌道から追い出されてしまったところです。これらは「カークウッド・ギャップ」と呼ばれています。ちなみに、小惑星帯の外側と内側の端は、その周期と木星の周期との比がそれぞれ1：2、1：4になる場所に対応しています。これよりも外は木星に近く、内側は火星に近くなりますので、軌道は不安定になります。

小惑星は小惑星帯だけでなく、火星軌道を越えて、地球に接近する「地球近傍小惑星」もあり、また木星軌道より遠方にも存在しています。特に地球近傍小惑星は、このカークウッド・ギャップからはじき出されてやってきた可能性が高いと考えられています。

ところで、木星と強い共鳴状態にあっても、逆にその軌道を安定させて、多くの小惑星がトラップされているケースもあります。例えばトロヤ群と呼ばれる小惑星の群れは、木星と同じ軌道周期、つまり1：1の状態で、木星の前方60度と後方60度の場所を中心に、相当数が発見されています。トロヤというのは、ギリシア神話のギリシア―トロヤ戦争から命名された名前です。最初に発見された小惑星にトロヤ戦争の勇士アキレウスの名前を命名したことから、その慣例が続いています。特に木星の前を行く先行群を「ギリシア群」、木星の後を追う後行群

小惑星帯

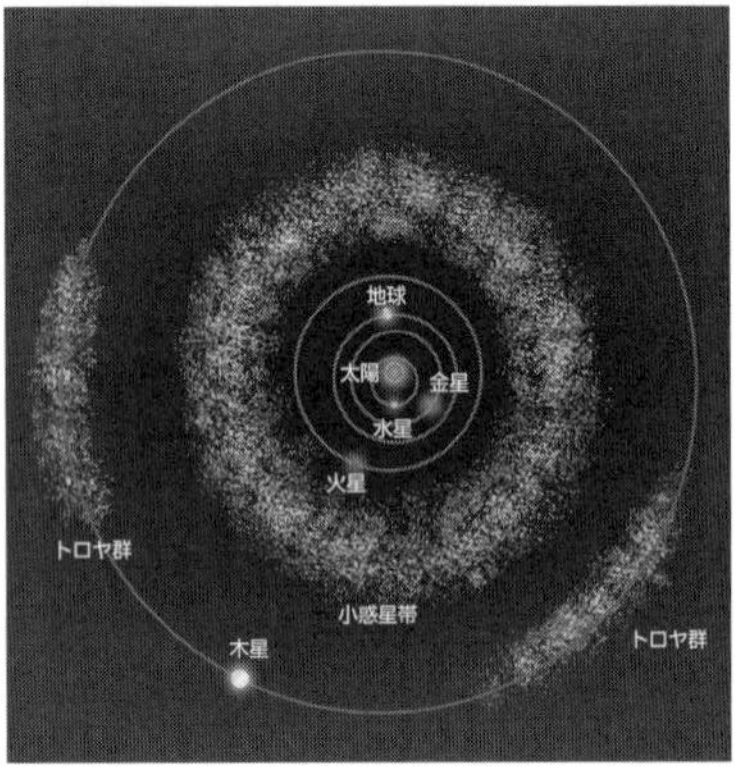

を「トロヤ群」と呼んで区別することがあります。実際、前者にはギリシア軍の兵士、後者にはトロヤ軍の兵士の名が付けられています。トロヤ群と太陽と木星とを結ぶ正三角形の点は、ラグランジュ点と呼ばれる、力学的に安定した場所になっています。こうしたトロヤ群小惑星は、木星だけでなく、土星や天王星、海王星にも見つかっています。

　トロヤ群を含めて、巨大惑星領域の小天体や太陽系外縁天体は、便宜上はすべて小惑星に分類され、小惑星番号がつけられています。ただ、こうした巨大惑星領域よりも遠い場所の小天体には氷が多く含まれていて、小惑星帯の小惑星のように岩石質なものとは成分がかなり違っていると考えられています。いわば、氏素性が異なるわけです。そのため、天文学者・惑星科学研究者の一部は、こうした太陽系外縁天体や、それが内側へと軌道を変えてきつつある小天体群（ケンタウルス族）などを一括して小惑星と呼ぶのに、かなり抵抗感を持っています。

　小惑星は太陽の光を反射して光っています。表面の物質によって色が違って見えるので、この色によって分類がなされています。全体に青っぽく炭素が多そうなC型、赤っぽい色のS型、いかにも金属反射のようなM型などですが、小惑星帯でも太陽に近いほどS型が多く、遠いとC型が多くなります。ちなみに日本の小惑星探査機「はやぶさ」が向かった小惑星イトカワはS型でした。

こうした成分の差は色だけでなく、反射率にも影響します。C型は反射率は悪く、せいぜい5%程度ですが、S型になると20%と高くなります。そのため、しばしば大きさと明るさは逆転することがあります。有名なのは小惑星として4番目に発見されたベスタでしょう。直径は500㎞ほどなのですが、なにしろ反射率は30%を超えるほどで、大きさがその倍もあるケレスよりも明るくなるのです。表面に露出している成分には、個々の小惑星の誕生の秘密が隠されています。ベスタの反射率が高いのには理由があります。ベスタは、もともとケレスのようにかなり大型の原始惑星クラスへ成長していた天体でした。このくらい大きくなると内部は熱くなってどろどろに溶けて、「分化」という現象が起きます。中心部に重い金属が濃縮し、表面の地殻には軽い岩石などが集中するのです。こうした天体が大規模な衝突破壊を起こすと、内部のマントルの一部がむき出しになり、それが反射率の高い表面をつくったと考えられるのです。

地球にやってくる隕石の中には鉄やニッケルが主成分の隕鉄というものもあります。地球に落下する隕石のほとんどは小惑星起源なのですが、隕鉄が見つかるということは、小惑星帯ではかつてベスタの母親の天体のように、ケレス並みに育った原始惑星レベルの天体が存在していて、それらが破壊され、その破片が相当数存在していることを意味しています。

小惑星の族

小惑星帯では、太陽系誕生時に木星によって大きな影響を受けたために、惑星が誕生できなかったと考えられています。また、残された微惑星や、一定の大きさにまで成長した原始惑星クラスの天体も、46億年も経過している間に、何度も衝突を起こしたとされています。

小惑星の発見数が数百個に上り、ある程度の統計的な議論ができるようになった20世紀初め頃のこと、当時の東京帝国大学東京天文台の天文学者・平山清次《きよつぐ》は、そういった衝突の証拠を見つけました。小惑星は、現在でも木星の影響を強く受け、個々の軌道はどんどん変化していきます。しかし、木星の軌道は安定しているので、この変化は周期的になっています。そのため、そうした周期的な影響を取り除いた平均的な軌道を算出することができます。この平均的な軌道に直してみると、それまでバラバラに見えた軌道の小惑星たちの中で、きわめて似た軌道を持つものがあることが見えてきたのです。そこで平山は、もっと大きな小惑星が衝突によってばらばらになったのではないかと考えました。

こうして、小惑星を平均軌道でグループに分類したものを小惑星の「族」、あるいは発見者の名前をとって平山族（Hirayama Family）と呼んでいます。その後、そのグループの中で最大の小惑星の名前をとって、現在ではテミス族、コロニス族、エオス族などと呼ばれるようになっています。分類次第ですが、こうした族は少なくとも10以上、存在しています。特に所属する小惑星の数が多い族の中には、最近になって衝突が起こったらしい、きわめて似た軌道を持つさらに小さな族が見つかることもあります。最も新しいとされるカリン族は、約５８０万年前に衝突が起こって、その時に発生した塵が地球にも降り注いだことがわかっています。このあたりは惑星間塵《じん》のところで紹介しましょう。

メインベルト彗星

この小惑星帯の中で、彗星のような特徴を示す天体が見つかり始めています。

ここではまず、彗星と小惑星の天文学上での区別について少し触れておきます。彗星は主に氷、小惑星帯の小惑星は主に岩石質の天体なのですが、太陽から遠いところだと彗星であっても蒸発しませんので、その区別はできません。そこで天文学的には、天体望遠鏡による観測で、ガスや塵を放出している場合のみを彗星とし、そうでない恒星状にしか見えない天体はすべて小惑星として、小惑星番号を付けて分類することになっています。小惑星の英語表記のひとつである「アステロイド（Asteroid）」は、もともとギリシア語の「恒星のようなもの」という意味です。したがって、おそらく氷が主成分と思われる太陽系外縁天体なども、すべて小惑星番号が付けられています。ごくまれに小惑星として発見・登録された後に、彗星活動が見つかった場合など、両方に登録される、いわば二重国籍を持つようなこともあります。

最近では、大きく歪んだ彗星としての軌道を持つのに、彗星活動がない小惑星などが多数見つかり始めています。これらは枯渇した彗星核である可能性があります。逆に、小惑星帯の中にあって、明らかに小惑星と同じような軌道にあるのに、塵を放出している小惑星も見つかり始めています。特に小惑星帯の中での彗星活動をしている天体を、メインベルト彗星と呼ぶようになっています。

最初に見つかったのはエルスト・ピサロという彗星です。長い塵の尾を引く彗星として1996年に発見されたのですが、その軌道を調べてみると、なんと1979年に小惑星帯の中の小惑星として、すでに発見されていた天体だったのです。最終的には、この天体は現在、小惑星として7968 Elst-Pizarro、彗星として133P/Elst-Pizarroと二重国籍を持っています。そうこうしているうちに、21世紀になって続々と同じような天体が見つかり始めました。すでにその数は10個を超えています。

どうして岩石質の小惑星が塵を放出して、彗星活動を見せるのでしょうか？　いくつかの説が考えられています。ひとつは「氷」説です。小惑星といえども内部には氷が閉じ込められているために、何らかの理由で氷が蒸発して彗星と化すというものです。もうひとつは「衝突」説です。小惑星同士、特に族などではいまだに衝突はかなりの頻度で起きていて、そのたびに塵が一時的に放出され、彗星のように見える、というものです。3つ目が「帯電浮遊現象」説です。小惑星や月などの大気のない表面では、太陽の光が当たり始めると表面の細かな塵がプラスの電気を帯びます。帯電した塵は、塵同士の電気的な反発力で表面を飛び出します。小さな小惑星では重力が弱いために、容易に飛び出してしまうのです。アポロ宇宙飛行士も、太陽が当たり始めた月の表面で大量の塵が舞い上がっているのを観察しています。

実際には、このうちどれか、ということではなさそうです。例えば、メインベルト彗星を丹念に観測すると、確かに太陽に近づく前後の一定の期間、塵を放出している例があります。塵の尾を詳しく解析すると、その塵がいつ頃、メインベルト彗星から放出されたかがわかるのです。最初に発見されたエルスト・ピサロ彗星とリード彗星（238P/Read）、そしてリニア彗星（176P/LINEAR）が、その部類に属します。実際、その後の探査によってケレスの表面には氷が見つかったりしています。

一方、ごく一時的に塵が放出されたとしか考えられない尾は、2つの小惑星で発見されています。特に代表例はシーラ（596 Scheila）でしょう。もともとシーラは、1906年に発見された、直径120㎞とかなり大型の小惑星です。2010年になって、この小惑星が突然、明るくなり、形状が変化したのです。国立天文台の石垣島にある口径1m望遠鏡が、そのシーラの変化を観測しました。その結果から、ソウル大学の石黒正晃博士らによって、その形状変化が一回の天体衝突で説明できることが示されたのです。帯電浮遊現象による塵の尾の確たる証拠はないのですが、実はこの3つともある程度小惑星で起こっている現象なのかもしれません。

メインベルト彗星の発見で、太陽系小天体は成分からは小惑星と彗星とに明確に区別できるものではなく、数は少ないながらも連続的に分布している可能性が強くなってきました。実際には両者の間には氷の割合が多いか少ないかだけで、本質的な区別はないのかもしれませんね。

小惑星探査でわかったこと

小惑星探査は、日本のはやぶさ探査機を含めて、これまでいくつか行われてきました。これによって様々なことがわかってきつつあります。まず、小惑星と一口に言っても十人十色であることです。アメリカの小惑星探査機ドーンは、最も大きな小惑星であるケレスとベスタに接近し、観測を行いました。その結果、ケレスは、形状がほぼ球形で表面の凹凸が少ないために、岩石の核を持ち、ある程度分化していて、表面近くには厚さ60~120㎞の氷のマントル層があると考えられるようになりました。実際、いくつかのクレーターにはぴかぴかと光る噴出物があり、当初は謎の光点として話題になりましたが、いまではある種の化学成分を含む氷と思われています。

一方、ベスタは南北方向にひしゃげた小惑星で、やはり内部が分化していることは確実です。なにしろ、その表面には溶岩流となって流れ出た玄武岩が存在していたからです。また、ベスタの南極付近には直径が460㎞に及ぶ大きなクレーターがあります。この衝突で飛び出した破片がいくつも見つかっており、また隕石の中にもベスタ起源とされるものも発見されています。

これに対して、小さな小惑星もバラエティに富んでいます。ニアー・シューメーカー探査機が調査した小惑星マチルドは、探査機が接近した初めてのC型小惑星でした。その表面はきわめて反射率が低く、成分はよく地球に落下してくる炭素質に富む隕石と同じだと思われていたのですが、その密度を調べてびっくりでした。なんと導きだされた密度は、一立方センチメートルあたり1・3gと、通常の隕石の半分以下だったのです。小さな小惑星であっても、いくつかの微惑星や破片が再集積してまとまったため、がれきが集まったように中身には空洞が多い、すかすかの状態なのです。こうした小惑星の構造を「ラブルパイル」と呼んでいます。同じような小惑星でも、その後にニアー・シューメーカー探査機が向かったエロスの密度は2・7gで、隕石そのものと考えてもいいのですが、はやぶさ探査機が向かったイトカワは密度

1・9gと、やはりラブルパイル構造の可能性が高いと考えられます。小惑星のラブルパイル構造は、木星が小惑星帯を激しくかき乱した証拠なのかもしれません。

ところで、日本の小惑星探査機はやぶさについては、トラブルを乗り越えて、地球に小惑星イトカワのサンプルが入ったカプセルを届け、世界初の小惑星サンプルリターンという偉業を成し遂げたことは読者の皆さんもご存じでしょう。ただ、映画が何本もつくられるという社会現象にもなり、どちらかといえば苦難を乗り越えて成功する物語が前面に出てしまい、科学的な成果が取り上げられることは多くありませんでした。しかし、成果はきわめて大きなものでした。

そのうちのひとつは、サンプルの分析から隕石とS型小惑星との対応関係を確立させたことでしょう。地球に落ちてくる隕石の8割を占めている岩石質の隕石（普通コンドライト）は、天体望遠鏡の観測からS型小惑星由来ではないか、と考えられていました。しかし、この仮説には欠点もありました。両者の太陽の光を反射したときの色合い（反射スペクトル）が完全には一致しなかったのです。しかし、分析の結果、イトカワの微粒子がコンドライトと呼ばれる隕石と同じ成分である事実が明らかになったのです。違っていた理由は、小惑星表面の長年にわたる変化です。これを宇宙風化と呼んでいます。太陽光による日焼けのようなものですね。宇宙風化によってつくられた鉄に富む超微粒子が発見され、この日焼け仮説が正しかったことがわかったのです。

また、小惑星イトカワが誕生後も小天体との衝突を繰り返していたこともわかりました。部分的に衝撃によって溶けている成分や、角がお互いの摩擦で丸くなったようなものが見つかったのです。衝突があると、小惑星全体が揺すられて、表面の塵もこすれ合うからです。さらに、サンプルからはセ氏約800度という高い温度で加熱された痕跡を持つ粒子も見つかりました。これだけの高温になるには、少なくとも直径約20㎞は必要です。もともとイトカワを生み出した母親の天体は10倍以上大きかったと考えられます。

さらに驚くべきは、イトカワは今後、風化が続いて消滅するだろうと予測されたことです。イトカワの微粒子は、少なくとも露出して数百万年以下と若いことから、内部に潜ったり表面に現れたりしながら、最終的には宇宙風化の影響で、100万年ごとに数十㎝の割合で、宇宙空間へ飛ばされていくというシナリオが成り立ちます。イトカワの大きさは直径約500mなので、この割合が続けば、約10億年後には消滅してしまうのです。実際にはそれまでに地球との接近遭遇や軌道変化があるので、どうなるかはわかりません。

いずれにしろ、これらの研究結果から、小惑星イトカワは直径20㎞よりも大きな母親の天体として生まれ、衝突によってばらばらになった破片の一部が互いの引力で寄り集まって、誕生したと思われます。イトカワの表面は、その後宇宙風化の影響で次第に暗くなり、ややや せ細って直径約500mほどの現在の形になったと考えられるのです。それにしても、ミクロンサイズの小さな塵から、これだけのストーリーが描けるというのはすばらしいものですね。現在、日本の小惑星探査機はやぶさ2が小惑星リュウグウに向かっています。こちらはイトカワとは異なり、C型小惑星とされていますので、有機物に富んだサンプルが手に入れば、さらに面白い結果が得られると期待したいものです。

〈小惑星を観察してみよう〉

火星と木星の間にある小惑星帯の中には、小口径の望遠鏡でも観察ができるものがいくつかあります。小惑星のうち、最初に見つかった4つはとりわけ半径が大きいので、4大小惑星と呼ばれています。小惑星番号1番のケレスが約970㎞×910㎞、2番のパラスが直径500~580㎞、3番のジュノーが230㎞、4番のベスタが470~530㎞ほどで、残りの小惑星はほとんどが100㎞以下と小さいものです。

この4大小惑星のうち、ジュノーはやや小さいので観察しにくいのですが、他の3つは、条件さえよければ小口径の望遠鏡でも眺めることができます。地球に最も近づくとき、すなわち小惑星が太陽と反対方向（これを天文学では衝と呼びます）に来たときに、最も明るくなって観察しやすくなります。このような位置関係だと小惑星がいわば満月のように輝きます。この満月効果と同時に、地球との距離が最小になりますので、さらに明るくなるわけです。この好条件下では、先に紹介したようにベスタが約6等と最も明るくなり、ついでケレスが約7等、パラスが7・5等になります。この明るさになれば口径5㎝程度の望遠鏡でも、十分に暗い空のもとであれば探し出せるはずです。

ただ、小惑星はどんなに倍率を上げても恒星のように点像です。これらの小惑星を同定するためには、その小惑星があるはずの場所をしっかりと調べておく必要があります。まず、目的の小惑星が地球に最も近づく前後の時期を選びます。でないと地球からの距離が遠くなり、暗くなってしまいます。一部の月刊の天文情報誌や年鑑などを利用すると、観察する日の位置と、周りの星の配列とが書き込まれてあり、そのまま目的の小惑星を見つけだすためのファインディング・チャートになるので便利です。天文シミュレーションソフトを用いると、その日時の小惑星の位置を表示してくれるものもあります。

まずは、目標近くの明るい星を望遠鏡に導入します。導入できたら、そのそばの暗い星を順次辿りながら、次第に目標の小惑星の位置へ望遠鏡を動かしていきます。このとき、星が明るいうちは望遠鏡についているファインダーを活用しましょう。そして、ファインディング・チャートの星まで辿り着いたら、今度はチャート上の星を順次導入しながら、目標へ向かっていきます。こうなるとファインダーでは見えない星ばかりですから、実際の望遠鏡の倍率を最も低くして、広視野にしてから探していきます。視野の大きさを確認しながら、星の配列を比べて辿っていきます。するとの位置には、まったく星の輝きと変わらない小惑星があるはずです。視野の広さや星の配列を確認しながら、星を辿っていく作業は結構難しいものですが、目標を捕まえたときの喜びはひとしおでしょう。

小惑星はどんなに倍率を上げても、惑星のように面積を持った天体には見えません。その意味ではあまり面白味はないかもしれません。しかし、翌日あるいは何日かあけて再び同じ小惑星を眺めてみてください。前の場所から動いていることがわかります。２回目になれば、星の配列をある程度覚えてしまうので、目標を探し出すのにそれほど時間はかからないはずです。

彗星

彗星の基本

彗星は、太陽系小天体の中では、きわめて古くから観察されていた天体です。肉眼でも見えるほど明るい彗星は数年から10年に一度は現れるからです。そのため、昔から多数の目撃例が記録されているのが、他の小天体にはない特徴です。

ただ、彗星の出現はまったくの突然ですし、その後の動きも、姿形がどうなるかも予測できません。そもそも長い尾を暗闇にたなびかせている姿は、いささか不気味でもあります。そのため、どちらかというと昔から凶兆として扱われることが多かった天体でした。

彗星が科学的に解明されていくのは中世以降のヨーロッパでした。ただ、ガリレオ・ガリレイでさえ彗星が地球の大気中（といっても、当時ははっきり定義されたわけではありませんが）の現象と主張していたほどですので、その理解は遅々として進みませんでした。彗星の距離が月よりも遠いことをはっきり証明したのは、肉眼による膨大な観測記録を残した天文学者ティコ・ブラーヘです。彼は、違った場所から同時に観測された彗星の見かけの位置を丹念に調べて、同じ時刻には彗星はどこからでもほとんど同じ位置に見えることを見いだしました。もし大気中の現象のように地球に近いものなら、見る場所によって見かけの位置に大きく差が出てくるはずです。いわゆる「視差」がなかったわけです。

彗星は天体であることがわかってきたのですが、その動きを説明しようとしたのはヨハネス・ケプラーです。惑星の運動を楕円軌道という概念によって美しく解き明かしたものの、彗星はまだ直線運動で扱っていました。その後、17世紀後半にニュートンは万有引力の証明のひとつとして、彗星を放物線軌道を持つ天体として扱いました。放物線は地球上で物を投げたときに描く曲線です。数学的には無限遠まで達する曲線で、いったんその軌道に乗ってしまうと帰ってくることはありません。すなわち一過性の天体で、周期を持たないと仮定されたのです。

それでも明るい彗星は、この近似で十分に動きが説明できました。

ここから非常に歪んだ楕円軌道を辿っている彗星もあると気づいたのが、ニュートンの友人エドモンド・ハレーです。ニュートンの方法を応用し、過去に観測された24個の彗星の軌道を放物線軌道として求めてみると、その中に軌道が非常によく似ているものを見つけました。1531年、1607年、1682年に出現した彗星です。さらに、軌道だけでなく出現間隔も76年、75年とほぼ等しかったのです。この事実から、この彗星は細長い楕円軌道を描いていて、周期的に現れると見抜いたのです。この彗星が、現在ハレー彗星と呼ばれる彗星です。その後、かなり円に近い軌道の彗星も見つかるようになります。

このようにして彗星は、天からのメッセージを携えた吉兆や凶兆を示す現象から、れっきとした天体へと位置づけられていきました。ただ、その正体が解明されるのはさらに時間がかかり、最終的には20世紀半ばになります。こうした経緯の後、現在では、彗星は太陽系小天体と分類されていますが、一般的な小惑星とはきわめて対照的です。

彗星は岩石が主成分の小惑星とは異なり氷が主成分です。その本体を彗星核と呼びます。彗星核は砂粒や塵が混じった巨大な雪の塊と呼んでもいいでしょう。80％ほどが水、残りの20％には二酸化炭素、一酸化炭素、それに微量成分として炭素、酸素、窒素に水素が化合した種々の物質、そして砂粒や塵が含まれています。雪の少ないときにつくった雪だるまのように、表面に土や砂がついて黒くなったようなところから「汚れた雪だるま」などと呼ばれています。大部分の彗星核は、数㎞から数十㎞ほどの大きさです。

そして、なにより小惑星帯の小惑星と対照的な特徴は軌道です。小惑星のほとんどは火星と木星の間で安定した円に近い楕円軌道を巡っているのに対し、彗星の軌道はほとんどが細長い、かなり歪んだ楕円で、惑星の軌道を横切っていることがしばしばです。そのため、太陽からの距離が大きく変わります。このことが彗星の見かけの姿に劇的な変化をもたらします。近日点（軌道上で太陽に一番近い点）付近で太陽に近づくと、その熱で彗星核の成分である氷が少しずつ溶けていきます。すると、周りは真空ですので、液体にならずに、すぐに気体となって蒸発します。いわゆる昇華ですね。ドライアイスを室温で眺めていると、液体にならずにどんどん溶けて小さくなっていくのと同じです。

こうして、彗星核からガスが勢いよく噴き出すようになります。このガスに引きずられるように、細かな砂粒や塵も一緒に宇宙空間に吐き出されます。こうして彗星核の周りには、ぼやっとした薄いベールができて、彗星核本体を覆ってしまいます。そのため、地上からは彗星核を直接、観測することは通常はできません。このベールの部分を頭部あるいはコマと呼びます。コマというのはもともと髪の毛という意味です。コマの主成分は電気を帯びていない中性のガスです。可視光では緑色に見えたりますが、これは炭素原子が2つくっついたC_2という分子や、炭素と窒素がくっついたCNという分子が発する光です。

一方、飛び出したガスの一部は電気を帯びてしまいます。電気を帯びた分子をイオンと呼びますが、そうなると太陽から吹きつける電気的な風、太陽風に吹き流されることになります。このイオンの量が多いと、そのイオンが発する光が見えるようになります。可視光では主に一酸化炭素のイオンが青白く光ります。こうして太陽と反対側に伸びた細い尾、「イオンの尾（別名プラズマの尾）」となります。さらにガスと一緒に飛び出してきた細かな塵は、あまりにも小さいので太陽の光の圧力（放射圧と呼びます）を受けて、ゆるやかに反太陽方向へたなびいていきます。塵の量が多いと、それらが太陽の光を反射して見えるようになり、「塵の尾（別名ダストの尾）」をつくります。塵のサイズが小さなものほど太陽の光の圧力を受けやすいので、その塵のサイズに応じて、たなびき方がちがってきます。彗星の塵は小さいものから大きなものまでありますから、それらがサイズに応じてたなびいて、太い幅を持った扇型の尾をつくります。これが先端が広くなったほうきのように見えるので、ほうき星と呼ばれるわけです。また、彗星の軌道が大きく方向転換するような近日点付近では、この塵の尾は彗星本体から取り残されて、どんどん曲がっていくために、片側に大きく曲がった扇型の尾になります。ちなみに、彗星の塵の尾を、塵が受ける太陽光の圧力で説明したのは、数学では有名な特殊関数で知られるフリードリヒ・ヴィルヘルム・ベッセルで19世紀のことでした。

いずれにしろ、彗星の尾は太陽とは反対方向を向きます。尾があると、何となく彗星の進行方向と逆向きに尾が伸びている気がしてしまいますが、それは間違いです。太陽から遠ざかるときには、彗星の進行方向に尾が伸びているわけです。実際、古代中国の人たちも彗星の出現から様々な凶兆を読み取っていただけでなく、「傅日而為光、故夕見則東指、晨見則西指」と、彗星が夕方見えれば尾は東を指し、夜明けに見えれば尾が西を指すと述べています。彗星の尾が一般的に太陽と反対側に向くことを、すでに観察からわかっていた証拠です。

いずれにしろ、彗星核が大きかったり、含んでいる氷が多かったり、そして太陽に近づけば近づくほど、核からの放出物が多くなって、彗星のコマは明るくなり、尾も伸びるのですが、ほとんどの彗星は小さいので天体望遠鏡でもコマしか見えません。肉眼で見えるような大彗星は数が少ないのです。

彗星からは太陽の光の圧力をあまり受けないミリメーター以上の大きな砂粒も放出されます。これらは母親が周期彗星の場合は彗星の軌道を回り続けて、流星群の原因になることがあります。これについては流星のところで紹介します。

彗星の故郷は？

彗星は氷の塊ですから、46億年もの間、現在の軌道にあったとは考えられません。とうの昔に溶けきってなくなってしまっているはずだからです。ところが、現在でも彗星が観測されるということは、どこからか氷が供給されていると考えなくてはなりません。では、供給源である故郷はどこなのでしょうか？

一口に彗星と言っても、その軌道は大きく2つに分類されます。周期が200年以下の短周期彗星とそれを超える長周期彗星です。前者は軌道の中で太陽から最も遠い点（遠日点）が、木星や土星などの大惑星の軌道付近にあり、しかも黄道面に集中していて、惑星と同じ向きに順行している比較的短い周期を持つものです。後者は遠日点が極端に遠く、放物線軌道と近似でき、ほとんど無限大の周期を持つようなものです。そこで便宜上、天文学では周期が200年以下のものを短周期彗星、それを超えるものをまとめて長周期彗星と呼ぶようになったのです。200年という周期に大きな意味はなく便宜的な境界として使ってきました。ちなみに、放物線軌道あるいは双曲線軌道を持つ彗星は周期が定義できません。太陽に二度と帰ってこないからです。こういった彗星も便宜的に長周期彗星としているので、いささか混乱することがあって、あまりよい分類とはいえません。

さて、こういった両者の関係を含め、最初に彗星の故郷を解き明かしたのが、オランダの天文学者ヤン・ヘンドリック・オールトでした。彼は特に放物線軌道の彗星を丹念に調べて、その遠日点が数万天文単位付近に集中していることを見いだし、ここが彗星の故郷であると考え

カイパーベルトとオールトの雲

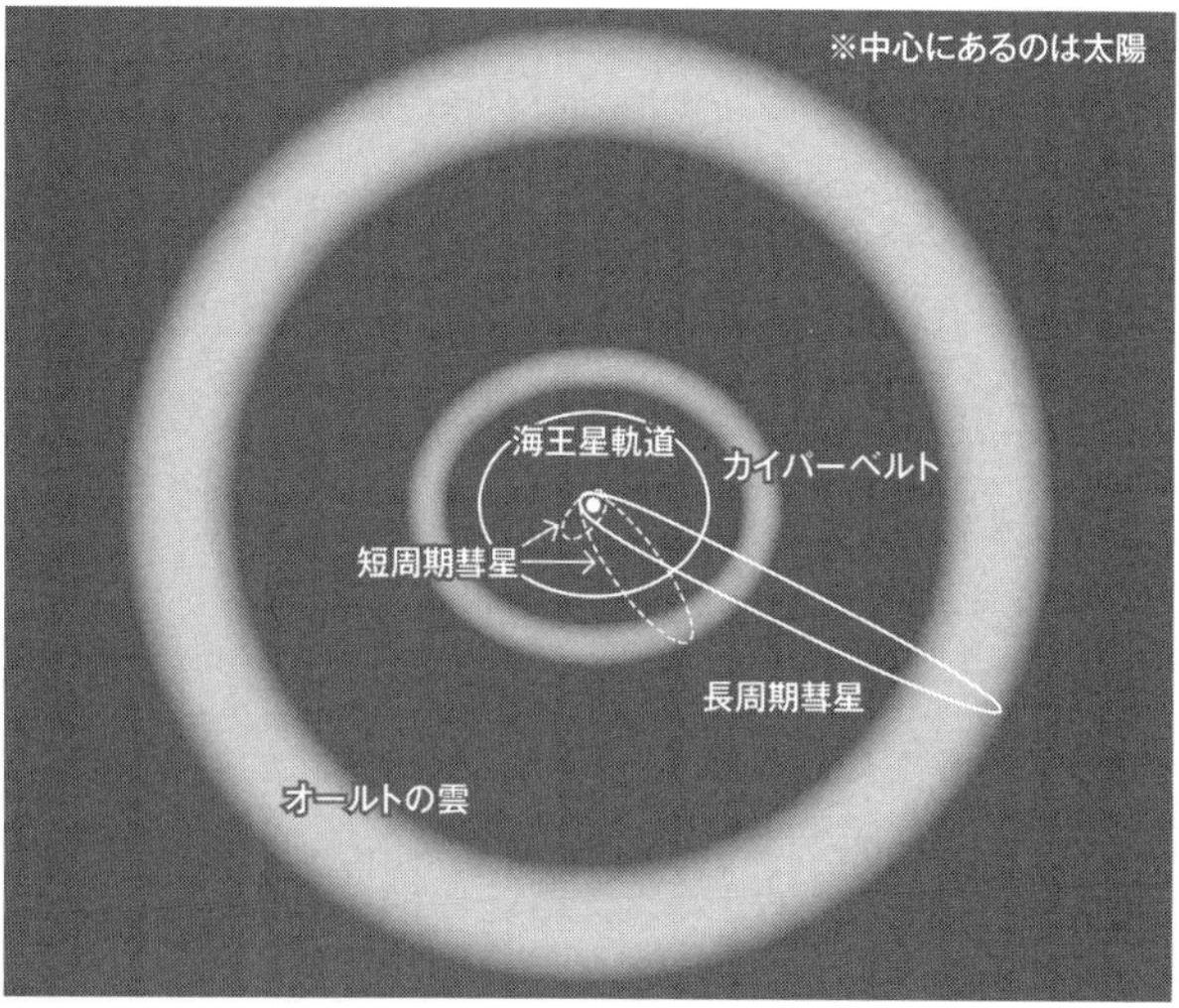

オールトの雲のイメージ図。実際には、太陽からカイパーベルトの外側までが50天文単位、太陽からオールトの雲の内側までが10000天文単位となる

たのです。これが現在「オールトの雲」と呼ばれる太陽系最果ての構造です。その大きさは数万天文単位、つまり約5兆～10兆kmです。もちろん、雲とはいっても、彗星核が広大な空間にぽつんぽつんと浮かんでいるだけなので、すかすかの構造です。オールトの雲は球殻状なので、全方向から彗星がやってくることも説明できます。彗星は大部分の時間を太陽から遠く離れた場所で過ごすため、46億年もの間氷が保持されている理由も納得できます。さらに大事なことは、ここからやってきた彗星で

たまたま惑星、主に木星に接近したものが軌道を変えられ、短周期彗星になると考えたことです。短周期彗星の遠日点が木星付近に集中しているのは、この接近遭遇が理由と考えられたのです。

実際、1770年に発見されたレクセル彗星は、その後の研究からその直前の1767年に木星に近づいていたことが判明しました。おそらく、この接近で軌道が変わって、地球から観測可能な短周期彗星になったのでしょう。面白いことに、この彗星は1779年7月に再び木星へ接近し、放物線軌道に近い軌道へと放り出されて、観測できなくなってしまいました。このような例が出てくるにつれ、すべての彗星はオールトの雲起源であり、その一部が捕獲された短周期彗星であるとの説（惑星捕獲起源説）が有力になりました。オールトは、われわれの銀河系の回転構造を明らかにした高名な天文学者だったせいもあって、しばらくはオールトの雲によって、彗星の故郷についての議論は決着したかに思われていました。

一方で、オールトよりも早く、冥王星より外に彗星の故郷があると主張した天文学者がいました。アイルランドの天文学者ケネス・エッジワースです。彼は、短周期彗星が太陽系の惑星が存在する面（黄道面）に集中していることから、オールトのような球殻状の故郷ではなく、冥王星の外側に黄道面に沿ったベルト状の彗星の故郷があると考えたのです。後に、アメリカの天文学者ジェラルド・カイパーも同様のアイデアを述べています。このアイデアは、しばらくオールトの雲の陰に隠れて顧みられることはありませんでしたが、1980年代から、従来のオールトの雲だけでは、現在の短周期彗星を説明できないことが明らかになり始めたのです。急速に進歩し始めたコンピューターシミュレーションの結果は、理論的に短周期彗星がオールトの雲では説明できないことをはっきりさせていきました。

その後、研究が進むにつれ、一挙にこの説はクローズアップされていきます。実際、冥王星の外側の探査を始めたハワイ大学のグループが、写真よりも感度のよいCCD素子を用いて、地道にサーベイを続けた結果、1992年に初めて冥王星よりも遠方の小天体を発見しました。太陽系外縁天体の発見です。これ以降、一挙に後者の説、すなわち冥王星の外側に彗星の故郷があるという説が浮上してきたのです。太陽系外縁天体については、後ほど紹介したいと思います。

こうして、現在では放物線軌道あるいはきわめて細長い楕円軌道の彗星の故郷はオールトの雲、順行軌道を持つ短周期彗星の故郷は太陽系外縁部と考えられています。こう考えると、単純に周期だけで分類するのではなく、生い立ちで分類した方がよいかもしれません。ということで、最近では生い立ちを重視してオールト彗星、ハレー型彗星、黄道彗星などという分類を用いることもあります。オールト彗星とは、きわめて細長い楕円軌道、あるいは放物線や双曲線軌道を持ち、実質的に周期が数千年以上、あるいは決められないような彗星です。これらは黄道面とは無関係にあらゆる方向から太陽に近づいてきます。黄道彗星とは、太陽系外縁部を故郷に持ち、黄道面に沿って惑星と同じように同じ向きに順行している彗星群で、周期は数年から数十年と短いものが多数を占めています。ハレー型彗星は、ハレー彗星に代表される彗星群で、周期が数十年から数百年の楕円軌道なのですが、軌道の向きが逆行していたりして、黄道彗星とは生い立ちが異なり、オールトが昔考えたように惑星によってオールト彗星が捕獲された一群の彗星と考えられています。

故郷から表舞台への道

それでは、彗星は実際にどのようにして故郷から表舞台、すなわち地球近傍にまでやってきて華麗な姿に変身するのでしょうか?

オールトの雲の彗星は、ほとんどが遠日点付近ぎりぎりで太陽の引力によってとどまっています。こうした微妙なバランスにある彗星は、ほんの少しの引力で軌道が大きく変わってしまいます。われわれの太陽系は銀河系の中を2億年から2億5千万年程度でぐるっと一周しています。その旅路の途中では、大きな質量を持った星間雲や他の恒星が太陽に近づくことがあります。恒星が近づくと、その引力の影響を受けることになります。恒星が近づいて太陽の引力を超える力を彗星が受けると、その向きによって太陽系を文字通り飛び出してしまうか、あるいは太陽に落ち込んでくるか、のどちらかになります。そして後者がオールト彗星として観測できるようになるわけです。こうしたオールトの雲を揺らす力を及ぼすのは恒星だけでなく銀河系そのものという説もありますが、まだ明確に解明されてはいません。

一方、太陽系外縁天体は、オールトの雲に比べれば太陽に近いため、恒星がオールトの雲のあたりに近づいたくらいでは軌道は大きく変化しません。ただ、この太陽系外縁天体は、オールトの雲に比べて密集している部分（エッジワース・カイパーベルト）があり、ここではまれに衝突が起こったり、接近遭遇が起こって軌道を変える天体が生まれます。軌道が外側へと変化すると、太陽系外縁天体の中でも、かなり外側に遠日点を持つ、いわゆる散乱天体となります。

反対に、内側へ軌道を変えると、途端に海王星の引力に影響されます。海王星は、その強力な引力で、その天体の半分ほどをさらに内側へ放り込みます（ここで半分は外側に放り出されてしまいます）。すると、今度はさらに内側にある天王星の引力で、その一部がさらに内側へ向かいます。さらに土星に接近して、という具合にバケツリレー式に太陽系の内部へ落ち込んでいきます。こうして、最終的に太陽系外縁で最も強力な木星の引力によって、内側への軌道に変えられて、地球あたりまでやってくるようになり、黄道彗星となるわけです。

実際、太陽系外縁部から木星へ軌道を変えている途中と思われる天体も存在します。最も有名なのは１９７７年に発見され、不思議な小惑星と思われていた 2060 カイロンでしょう。近日点は土星の内側ですが、遠いときには天王星の軌道に達しています。しかも、発見後10年ほど経過した1989年には彗星特有の塵からなるコマが観測され、1995年にはアメリカの電波望遠鏡により、一酸化炭素分子の発する電波が検出されたのです。つまり、すでに彗星活動をしていたのです。現在では、他にもこういった天体がいくつか発見されていて、その軌道の安定性などから、これらの天体はすべて太陽系外縁天体が内側へ落ち込んできたものであるとされています。現在では、これらの天体をまとめてケンタウルス族と呼んでいます。

しかし、まだ解決されていない問題もあります。ケンタウルス族の小惑星は短周期彗星に比べると巨大です。カイロンなどは大きさが少なくとも50㎞はありますし、他のケンタウルス族の天体も数十㎞サイズのものがほとんどで、平均直径が数㎞サイズと言われている短周期彗星とは、まるで一致しません。もしかすると、まだ見えていないだけで、ケンタウルス族にはもっと小さな天体がたくさんあるのかもしれません。

ところで、オールトが当初に提唱した短周期彗星の惑星による捕獲説は、完全に葬り去られたわけではありません。放物線軌道に近いオールト彗星が太陽系の内部にやってくると、惑星の引力によって軌道が変わります。ざっといえば半分は太陽系の外へ放り出され、二度と帰ってこない運命になります。残り半分は、ほんの少しだけ楕円軌道が小さくなって、再び数千年、数万年あるいは数十万年後に太陽に帰ってくる軌道を取ります。たまたま惑星のごく近くを通過すると、その軌道は大きく変えられ、もっと周期が短くなってしまうものもあります。こうして接近・捕獲されて短周期彗星になってしまうわけです。短周期彗星の中で、軌道の傾きが大きく、黄道面に沿っていないものは、こうしたオールトの雲起源と考えていいでしょう。その代表がハレー彗星なので、こうした彗星をハレー型彗星と呼ぶようになっています。

表舞台から消えるとき

どんな彗星でも、彗星として認識されているということは、確実にその身を減らしているということです。蒸発して揮発成分がどんどん失われているからです。あるいは惑星軌道を横切っているために、軌道変化によって消えてしまうものもあります。いずれにしろ、どんな華麗な大彗星でも、やがて表舞台から消えてしまうときがやってきますが、そのパターンはいくつかに分けられます。

先ほども紹介したように、放物線軌道に近い彗星は、近づいたときの太陽系の惑星の位置によって、それらの重力の影響を受けて、ごく弱い双曲線軌道に投入されます。そうなると、太陽の重力を振り切ってしまい、二度と帰ってきません。永遠に宇宙空間をさまよう放浪者になります。これが舞台から消えていくひとつのパターンです。

もうひとつは、完全に溶けきってしまうパターンです。特に短周期彗星は、毎回のように相当量のガスや塵を放出していますので、やがて枯れてしまうことは想像に難くないでしょう。短いものでは数千年、長いものでも数十万年程度で氷などの揮発性物質を失うはずです。こうして雲散霧消した例が、2013年に太陽に接近したアイソン彗星です。この彗星はかなり大型の彗星とされ、年末に太陽に接近した後、大彗星に変身すると期待されていました。この彗星を見るために真夜中に羽田空港を飛び立ち、飛行機から明け方の大彗星を眺めようというツアーも企画されました。NHKでも宇宙ステーションから中継をしようという特別番組を組んだほどでした。ところが、アイソン彗星は、太陽接近時に溶けきってしまったのです。同様の例は他にもあります。18世紀に発見されたビエラ彗星は、1845年には大小2つの核に分裂し、次の出現時には2つの核が並んで観測されて以後、まったく行方不明になってしまいました。溶けきって粉々になってしまった、という噂を裏付けるように、1872年11月27日、1時間に数千個という雨のような流れ星が地球に降り注いだのです。これはアンドロメダ座流星群と呼ばれる流星群ですが、その母親はビエラ彗星です。つまり、この大出現は、消えてしまったビエラ彗星がまき散らした塵粒だったのです。ビエラ彗星が分裂後、完全に溶けきって雲散霧消し、含まれていた塵が一挙に地球に降り注いだ、と考えるとつじつまが合うのです。

ところが、どの彗星でも雲散霧消してしまうかというと、実はそこはあまりわかっていません。小惑星のところでも紹介したように、彗星のような軌道を持ちながらも彗星活動をあまり見せていない小惑星が見つかっています。地球近傍小惑星と呼ばれる地球に近づく小惑星の中には、彗星のようにガスを出していないけれど、いかにも彗星のような軌道を持っているものがあります。中には彗星の特徴である流星群を伴っているものさえあるのです。小惑星として3200番の番号が与えられたフェートンが代表です。この小惑星の軌道は毎年12月中旬に見られるふたご座流星群の軌道にぴたりと一致しています。フェートンの軌道周期はわずか1・4年。短周期彗星で最も短い周期を持つエンケ彗星の半分ほどの周期です。したがって、太陽に何度も照らされ、氷の成分を蒸発し尽くしてしまった彗星の亡骸《なきがら》とも考えられています。しかし、一方ではフェートンは実はれっきとした小惑星だという研究者もいます。流星群があるのはフェートンにほかの小惑星が衝突してできたと考えれば不思議ではないというのです。亡骸を残す彗星があるかどうか、まだ明確な結論は出ていません。日本の研究者は、その正体を探るべく、小型探査機をフェートンへ向かわせようと探査計画を立案しています。

もうひとつの舞台からの去り方は惑星や衛星への衝突です。1994年には、シューメーカー・レヴィ第9彗星が木星へ衝突して消えてしまいました。木星の衛星などに残されているチェーンクレーター（ほぼ同じような大きさのクレーターが一直線に並んでいるもの）も、彗星の衝突痕跡と考えられます。カリストやガニメデに多いのですが、これらもシューメーカー・レヴィ第9彗星のように木星へ接近して分裂した彗星が、木星ではなく、これらの衛星へ衝突したものなのでしょう。いずれにしろ、彗星の軌道の多くは惑星の軌道を横切っていますので、惑星や衛星に衝突してしまうものもあるわけです。前に紹介した水星の極地方のクレーターは彗星衝突の証拠かもしれませんし、地球の海も彗星によってもたらされたのではないか、とする研究者もいます。もともと彗星は太陽系ができるときに衝突合体を繰り返して惑星の一部になる運命だったものが、たまたますり抜けてしまった、あるいは取り残されたわけですから、長い旅路の末に惑星に衝突して惑星の一部になるのは、彗星にとって46億年ほど遠回りしただけなのかもしれませんね。

彗星が秘めるメッセージ

彗星の軌道の研究から、彗星の故郷は2つ、すなわちオールトの雲と、太陽系外縁部のエッジワース・カイパーベルトであることはわかりました。これらの故郷はいったいどうして生まれたのでしょうか。それを考えるには、太陽系生成初期のいまから約46億年前に遡ることになります。第一章で紹介したように、太陽がまだ赤ちゃんの頃、周りにはまだガスや塵がたくさん存在し、原始太陽系円盤ができていました。この中で大きさが1㎞から10㎞の微惑星と呼ばれる小さな塊が無数にできてきます。その後、円盤の内側では衝突合体の頻度も多く、次第に微惑星が合体集合して原始惑星になり、そして惑星へと成長しました。一方、外側ではなかなか成長が進みません。というのも、このような衝突合体が進むスピードは太陽に近いほど速いからです。太陽の周りをぐるっと一回りする周期は太陽に近いほど短くなります。水星では周期が約88日、地球では1年、木星では約11・9年、海王星になると約165年。つまり水星では一周かかって起こることが海王星では約650倍もかかるわけです。微惑星の衝突・合体の頻度は、大まかにいえば、このスピードの2乗で進むので、成長速度の差はもっと大きくなるわけです。こうしてもたもたしているうちに、突然、惑星を成長させるのに必要な原始太陽系円盤中のガス成分がなくなってしまいます。いつ頃、どうしてなくなるのか、あまりよくわかっていません。現在、生まれつつある若い星を電波望遠鏡などでよく調べてみると、どうも星には成人になる前に一種の反抗期があって、急に活発に周りのガスを吹き飛ばしてしまう時期があるらしいのです。この反抗期の時、太陽も周りの星雲を吹き飛ばした可能性もあります。こうなると衝突しても合体しません。原始太陽系円盤のガスは微惑星の運動に常にガスの摩擦を与えて、衝突するような軌道にある2つの微惑星の相対速度を小さくする「ダンパー」の役目を果たしているからです。天体衝突では、お互いの相対速度が大きいと、破壊ばかり起こって合体成長にはつながらないのです。ちょうど現在の小惑星帯で起こっている衝突破壊による族の誕生と同じです。こうして、合体成長が止まってしまい、成長途中の微惑星はそのまま、成長しかけた冥王星などの大きめの天体もそのまま惑星になれずに残ってしまったというのが太陽系外縁天体の誕生のシナリオです。もちろん、海王星などの引力の影響もあり、成長が阻害された可能性もありますが、基本的には微惑星そのものや、それらが少し成長した原始惑星サイズの天体群です。特に、このあたりは太陽から遠く、雪線よりも外側なので、主成分の水の氷に加えて、二酸化炭素や一酸化炭素も一緒に凍りついています。こうしたところにある小天体は、冥王星などのように大きく育ったものを除けば、まさに彗星核そのものといってよいでしょう。

一方、オールトの雲のあたりは、太陽から遠すぎて、その場所で彗星核のような天体が生まれる可能性はありません。そこで、もっと内側でつくってからオールトの雲へ飛ばすシナリオが考えられています。彗星の成分そっくりの微惑星が、巨大惑星領域で誕生すると、その運命は3つに分かれます。あるものは成長の早い大きめの原始惑星に衝突してしまいます。つまり、惑星の一部となります。惑星になりきれなかった微惑星は、急成長を続ける原始惑星に衝突せずに接近遭遇して、その引力の影響を受けて、はねとばされます。はねとばされ方によって、運命が分かれます。ひとつは太陽系を脱出する双曲線軌道になります。こうなると永遠に銀河空間をさまよえる天体となります。こういった放浪する彗星は星間空間彗星と呼ばれ、その存在は確実なのですが、われわれ人類はまだ星間空間彗星に出会ったことはありません。もうひとつの運命は、はねとばされる軌道がちょうど放物線に近い楕円の場合です。このケースでは、微惑星が太陽から数万天文単位まで離れると、ちょうど数学的な無限遠点と似た状況になり、ほとんど無限大の時間を、そこで過ごすことになります。こういった天体は、もともと黄道面に集中していたはずなのですが、太陽が銀河を回っているうちに他の恒星の通過や、銀河の潮汐《ちょうせき》力などを受けて、現在のような球殻状の分布になるのです。これがオールトの雲の起源と考えられています。

どちらの故郷からやってきたにせよ、大事なことは、彗星が約46億年前に原始太陽系円盤のどこかで生まれて以来、ほとんどの期間をそのままの状態、つまり太陽から遠くて冷たい状態で過ごしているという点です。熱による変成をあまり受けていない、とても始原的な物質なのです。その意味では、彗星は原始太陽系円盤の成分を閉じこめ、冷凍保存しておかれた化石といえるでしょう。その彗星が太陽に近づいて明るくなる現象は、いってみればその氷づけの化石を溶かす壮大な宇宙の実験です。われわれ天文学者は、宇宙の考古学者として、その実験結果を天体望遠鏡で眺めて、あるいは探査機を飛ばして、過去の太陽系からのメッセージを読み解こうとしているのです。その意味で彗星は太陽系の過去からのメッセンジャーなのです。

彗星探査が明らかにした核の素顔

彗星は、何しろ46億年前のメッセージを携えた魅力的な天体ですから、探査機が次々に近づいて、そのベールに覆われた彗星核の素顔を明らかにしてきました。人類が最初に目撃した彗星核は、1986年のハレー彗星のものでした。各国が競って探査機を打ち上げ、日本も「すいせい」「さきがけ」をハレー彗星に送り込み、紫外線などで観測を行いました。その中でも欧州のジオット探査機、そして旧ソ連のベガ1号、2号がそれぞれ彗星核の間近に迫り、ハレー彗星の核の大きさが約15㎞×7㎞×7㎞のいびつなものであることや、太陽が当たっているところからジェットが噴き出している様子を明らかにしました。驚いたのは表面が真っ黒だったことです。反射率はたったの4%で、まるで石炭かアスファルトのような黒さです。表面は長い間に太陽光にさらされ、氷などの揮発性物質がなくなって、砂粒や有機物質などが殻をつくっていたのです。それ以後、2001年にはディープ・スペース1号がボレリー彗星の核に迫り、ハレー彗星と同じく細長い核の撮影に成功しました。2004年にはスターダスト探査機がヴィルド第2彗星の核に迫って放出された塵を捕獲し、カプセルを地球に持ち帰りました。その中から、アミノ酸の一種であるグリシンが検出されています。もともと彗星には水の氷がふんだんに含まれるだけでなく、生命の元となる有機物もたくさんあると思われていましたが、それを証明したことになります。

そして、ディープ・インパクト探査機は、2005年にテンペル第1彗星に子探査機（インパクター）を衝突させるのに成功しました。初の能動実験探査です。この衝突によって表面から大量に塵が放出された様子は、すばる望遠鏡を含めて、地上の多くの望遠鏡で観測されました。先ほどのスターダスト探査機が、その後の２０１１年２月にテンペル第１彗星に接近し、インパクターを衝突させた箇所を含む地点の画像を撮影することに成功しました。その結果、テンペル第１彗星には直径１５０ｍのクレーターができていることが明らかになりました。ディープ・インパクト探査機も、この後にエポキシという延長探査として２０１０年11月にハートレー第２彗星の核に７００㎞まで接近しました。そして、この彗星から放出されるジェットや塵、氷粒子の様子を捉えることに成功しています。

彗星探査機エポキシ（ディープ・インパクト探査機の延長ミッション）が接近して撮影したハートレー第２彗星の核
NASA/JPL-Caltech/UMD

また、欧州のロゼッタ探査機は２０１５年にチュリュモフ・ゲラシメンコ彗星とのランデブーに成功し、近日点に向かって活発にジェットを噴き始めた核の継続的な観測を行うとともに、史上初の彗星核着陸機フィラーエを着陸させたのです。着陸機は残念ながら、何度もバウンドして目的地と異なる、太陽光が差さない場所に降りてしまい、その後太陽電池による供給がストップし、通信が途絶してしまいました。しかし、核の表面がごつごつした岩であり、また、砂粒の粒子のサイズが様々で、実に多彩な地形を持つこと、そして殻がかなり固いことなどがわかりました。そして、アミノ酸のひとつ、グリシンが再び、この彗星で発見され、同時にDNAや細胞膜を構成する重要な元素であるリンも検出されたことは大きな成果です。

彗星は、もともと水が主成分なので、昔から地球の海の水をもたらした天体ではないか、と言われてきました。これだけの水をどこから運んでくるのかを彗星にゆだねようとしていたわけです。地球の水には重水と呼ばれる、やや重い（水素が重水素、つまり普通の中性子1個分だけ重い）成分が微量に含まれています。この重水の比率を調べれば、地球の水の起源がわかるかもしれないということで、彗星の重水の比率も測定されています。彗星の重水の比率は、地上観測ではかなりばらついていて、地球よりも高い値が多かったのですが、ハートレー第2彗星では、ほぼ地球の値と一致しました。これで地球の水は彗星起源という説も息を吹き返しかけたのですが、ロゼッタ探査機のチュリュモフ・ゲラシメンコ彗星の測定結果は、地球の値よりも3倍も多かったのです。地球物理学者の中には、もともと地球の水は地球内部から供給されたと考える研究者も多く、たとえ地球外に求めるにしても、後期重爆撃期の小惑星で十分と考える天文学者もいます。生命の起源物質の供給源とともに、地球の海に関する議論はまだしばらくは続くことでしょう。

ところで、こうした一連の彗星探査で明らかになったことは、核の形状は丸いものよりも、細長い形状あるいは丸い核が2つくっついたようなものが多かったことです。丸いと考えられるのはテンペル第1彗星やヴィルド第2彗星しかなく、ハレー彗星、ボレリー彗星、ハートレー第2彗星のように細長いもの、そしてチュリュモフ・ゲラシメンコ彗星のようにアヒル型の方が多かったのです。これは偶然なのかもしれませんが、彗星核が微惑星であり、その衝突合体していく途中で止まってしまった天体の名残であることを考えると、自然なのかもしれません。また、最近では、こうした細長い彗星が2つの部分に分裂しても、その核同士が再度、くっついてしまうという研究結果もあります。こうした形状が多いのは、そのせいかもしれません。われわれは本当に46億年前の原始惑星系円盤の中で成長しかかった微惑星そのものを目の前にしているのかもしれませんね。

〈彗星を観察してみよう〉

彗星を観察するには、対象となるような明るい彗星が出現している必要があります。これはなかなか難しいことです。太陽に周期的に近づく、軌道のよくわかっている短周期彗星は現在数百個ありますが、肉眼で見えるような彗星は周期が長いものが多く、なかなかタイミングが合いません。

知られている短周期彗星の中で、最も大型で、回帰ごとに肉眼でも見えるのがハレー彗星です。20世紀には2回の回帰があり、特に1910年には地球と太陽の間を通り抜け、地球が彗星の尾を通過するという接近になり、尾が夜空を二分するような壮大な眺めになりました。1986年の接近は条件がきわめて悪く、日本では長い尾を引いた姿を眺めることはなかなかできませんでした。次回の2061年の回帰は条件が良く、とても期待できます。7月頃から日の出前の東の空で肉眼で見えるようになります。7月下旬には太陽に接近するので、一時的に見えなくなりますが、8月からは日没後の西の空に回ってきて、その長い尾をたなびかせることでしょう。

一方、周期が数千年、数万年あるいは無限大に近いような放物線軌道を持つ彗星は、いつ出現するか、予測がつきません。明るい彗星が出現すると、新聞や天文情報誌などには必ず掲載されますので、ふだんから注意している必要があるでしょう。また、見える時期や方向、形などもそれぞれの彗星によって、かなり異なっています。天文雑誌などの情報欄をよく読み、観察の計画を立てるようにしたいものです。

明るい彗星が出現したら、ぜひチャンスを逃さないようにしましょう。特に尾を引くような彗星は、何十年に一度しか現れませんので、ぜひ空の暗い場所で観察するようにしましょう。

というのも、彗星の尾は輝度としてはたいへん淡いために、空が明るく、光害のひどい都市部では見えないからです。例えば、1996年3月に出現した百武《ひゃくたけ》彗星の尾の長さは20世紀で一、二を争う長大なものでしたが、その尾は光害のない地域でしか見えませんでした。信州や九州、四国地方の山間部などの空の暗い場所では60度から90度にも伸びた尾も、地方都市周辺では30度程度、関東平野周辺では10度から20度、東京近郊では10度あるかないか、国立天文台本部のある三鷹のような場所だとほとんど見えるか見えないかでした。こうなるとぼやーっとした頭部だけが見える、しっぽのないおたまじゃくしのようで、とても彗星の醍醐《だいご》味《み》は味わえません。明るく尾のある彗星が出現したら、ぜひ月明かりのない適当な時期を選んで、天の川の見えるような場所で、彗星を観察したいものです。また、そのような彗星は地平線近くに現れるものが多いので、見晴らしのきく場所を選ぶことも大切です。

彗星の尾を眺めるには肉眼か、倍率の低い双眼鏡が最適です。彗星の尾には2種類あって、青白く輝くイオンの尾と太陽の光を反射する塵の尾があります。また、頭部は青緑色のコマと呼ばれる丸い構造と、中心部に輝く中央集光部があります。この中央集光部は、彗星から噴き出る塵やガスの厚い塊で、彗星の本体である核そのものは、このベールに覆われて見えません。しばしば、この中央集光部からジェットと呼ばれる細い塵の噴き出しが見えることがありますが、これは双眼鏡よりも望遠鏡の方が見やすいでしょう。彗星の構造は、変化が激しく、形がどんどん変わっていきます。場合によっては数時間で変わってしまいますので、注意して観察するといいでしょう。

惑星間塵

惑星間塵の基本

太陽系空間には、かなり小さな固体微粒子（塵）が存在していて、一般に惑星間塵（インタープラネタリーダスト、略してＩＰＤ）あるいは惑星間空間塵と呼ばれています。小惑星あるいは流星になる砂粒（流星体）、そして惑星間塵のサイズの境界は明確に決められていません。惑星間塵の多くはセンチメートルサイズ以下、多くは１㎜よりも小さい数百～数十ミクロンサイズのものです。サイズが小さいものほど数が多くなります。

惑星間塵は小さいといえども天体であることに変わりはありません。太陽の引力を受けて、太陽の周りを回る公転軌道を巡っています。ただ、こうした小さなサイズの天体になると、その運動を支配するのは引力だけではなくなります。そのひとつが太陽から受ける光の影響です。わかりやすい例として、円軌道を描く惑星間塵を考えてみます。太陽の光は基本的に円軌道の進行方向に対して垂直に当たるのですが、塵そのものも一定のスピードを持って軌道運動していますので、その塵から見ると太陽の光はごくわずかに斜め前方からやってくるように見えます。風のない雨の日に、雨粒は地面に垂直に落ちているのに、車や電車などで走っていると、窓ガラスに斜めに雨粒の跡が残るのと同じ原理です。光速が有限であるために起こる、この効果を光行差と呼んでいます。すると、ずーっと斜め前から光が当たり続けるために、太陽の光の圧力（太陽放射圧）で塵の進行方向にブレーキがかかってしまいます。こうして運動エネルギーを失っていくと、次第に塵は太陽に近づいていきます。軌道が小さくなっていくのです。こうして惑星間塵は、結果的に太陽に向かって、とても緩いらせん軌道を描いて落ちていくことになるのです。これを「ポインティング・ロバートソン効果」と呼んでいます。光の圧力なんて、それほど効かないような気もしますが、小さな塵にはかなり影響があり、計算してみると、０・１㎜よりも小さな惑星間塵では、せいぜい数千万年ほどで小惑星帯から太陽に向かって落下してしまいます。

落下した塵はどうなるのでしょうか。実は、太陽そのものに衝突してしまうわけではありません。太陽に近づくに従って塵は暖まりますから、次第に蒸発しやすい成分からガスになって抜けていきます。つまり小さく、軽くなっていくのです。水星の軌道を越えるようになると、どんどん温度が上がり、普段は溶けないような岩石物質も蒸発を始めます。こうして鉄やニッケルなどの最も溶けにくい金属成分が残ります。こうして小さくなった塵には、ポインティング・ロバートソン効果よりも太陽放射圧そのものが塵を太陽から遠ざけようという直接の効果が効いてきます。彗星の塵が反太陽方向にゆるやかに流されて尾をつくるメカニズムです。太陽からの引力は体積（つまり質量）に比例しますが、光の放射圧はその天体の断面積に比例するので、小さくなればなるほど太陽光の放射圧は引力に対して大きくなるのです。小さくなっていく塵は、ある程度のサイズになると太陽放射圧とポインティング・ロバートソン効果とが釣り合ってしまうことがあります。こうなると太陽を一定の距離で回る円軌道が一定期間、安定します。内側へ向かう塵と小さくなって外へ向かう塵、その逆転が起こるところでは塵の空間密度は高くなります。

本当にそんなことが起こっているのでしょうか。実は20世紀の後半の皆既日食の観測から、太陽の半径の4倍ほどのところに惑星間塵が濃い部分があることがわかりました。固体の塵が集積している、いわば太陽の「環」の発見です。太陽に落ち込んでいく効果と太陽から遠ざかろうとする効果とがちょうど釣り合った場所だとされました。

しかし、なにしろこの場所は太陽に近いので、塵から金属成分も次第に抜けていき、さらに軽く小さくなります。すると、今度は塵は反転して、猛スピードで太陽から遠ざかります。そしてほとんどは太陽系外へ飛び出していく双曲線軌道に乗って太陽系から失われていきます。月探査などでは、太陽方向からやってくる微小な塵がたくさん観測されました。こうした微粒子をベータ・メテオロイドと呼ぶことがありますが、これらは小さくなった塵が太陽放射圧の影響を受けて、まさに太陽の環から外へ向かって飛んでいる粒子と考えられています。

惑星間塵は宇宙開発では非常に重要な問題です。というのも、大きな塵が非常に速いスピードで人工衛星や探査機などに衝突すると、破壊的な影響を及ぼすことがあるからです。幸い、惑星間塵の空間密度はそれほど高くありません。むしろ現在では、人工衛星やロケットそのものが生み出した人工的な破片（スペースデブリ）の方が地球周回軌道上では危険視されています。

惑星間塵の供給源

いずれにしろ惑星間塵は、太陽系の約46億年と比較すると、せいぜい数千万年と短い寿命しかありません。地球軌道から太陽の環に落ち込むまでにはせいぜい数十万年です。しかし、このような惑星間塵が現に存在しているということは、どこかに供給源があることを意味します。

供給源は何なのでしょうか？　すぐに思いつくのが彗星です。彗星は塵を大量に放出し、尾をつくるほどですので、有力な供給源と思われがちです。しかし、実は彗星の尾をつくるような塵は、すべて太陽放射圧の影響を強く受けて、もともとが太陽系を飛び出す運命にあります。その意味では最初からベータ・メテオロイドのようなものなので、この尾をつくる塵は惑星間塵の供給源にはなりません。それでも、しばしば赤外線観測では彗星の軌道に沿って、大量の砂粒サイズの粒子が存在しているのを確認できます。これはダスト・トレイルと呼ばれていて、後に紹介する流星群のもととなるものです。こうした粒子は太陽放射圧の影響をそれほど受けませんし、軌道を巡っているうちに次第に拡散して惑星間塵になっていくことは間違いないでしょう。ただし、量的にとても足りるとは思えない、という研究者もいます。惑星間塵は地球上空の成層圏で直接、浮いているのを採取できるのですが、かなり空隙が多い、ふわふわした粒子も多いので、彗星的だという説もあります。

もうひとつが小惑星です。個々の小惑星は塵を大量に放出しているわけではないので、どうしてと思うかもしれません。しかし、小惑星帯ではいまでもまれに衝突が起こっていて、大量の塵が一時的にばらまかれていることはすでに紹介しました。この衝突は有力な供給源であることは間違いありません。実は、その直接的証拠も1980年代の赤外線観測によってわかってきました。小惑星帯に対応する塵の帯が発見されたのです。

小惑星帯には、衝突によって生まれた族と呼ばれるグループがあることは前にも述べました。この族に属する小惑星の軌道は、平均的にかなり似ています。つまり黄道面からの軌道の傾きもほぼ同じと思ってよいのです。個々の小惑星の軌道は、それぞればらばらな方向に向いていますので、一見、同じには思えないのですが、その軌道上で最も黄道面から北側に上がった場所と、南側に下がった場所の黄道面からの距離は、どのメンバーでもほぼ一致します。これが族に属する小惑星のひとつの特徴です。つまり、この族に属する小惑星は、黄道面を挟んだ南北のある一定の幅を持った帯の中に存在しています。この族の中で衝突が起こると、それによって生まれた大量の砂粒や塵は、やはり大部分がこの一定の幅を持った帯の中で軌道運動します。このような砂粒や塵が多ければ、その幅を持った帯が赤外線で光って見えます。ダストバンドと呼ばれている構造です。赤外線天文衛星ＩＲＡＳ（アイラス）が、テミス族、コロニス族、そしてエオス族に対応するダストバンドを発見したのです。塵の総量を見積もると、惑星間塵の3～4割は説明できるのではないかと主張する研究もあります。

こうした小惑星が供給源なら、それらは太陽に落ち込む途中で必ず地球軌道を通過するはずです。地球に、そういった証拠はないのでしょうか？　実は過去に地球に落下した惑星間塵は、そのまま成層圏から対流圏を経て、最終的には地上に到達します。注意深く探すと、宇宙起源の塵はどこからでも見つけることができます。特に深海底や南極の氷床などから、過去の惑星間塵と思われる塵が採取されます。注意深く、火山活動などの塵を取り除いていくと、驚くべきことに塵の落下量が急激に増えている時期があります。ちょうど、この増加の時期はベリタス族という小惑星の族が衝突によって生まれた時期、約８００万年前に一致するのです。もしかすると、こうした小惑星の衝突があるかないかで、惑星間塵の総量はかなり変化してきたのかもしれません。

供給源からの供給が一定でない可能性があることは、別の研究からも指摘されています。実は最初に紹介した太陽の周りの塵の環が、最近ではほとんど観測されていないのです。もともと太陽の塵の環は、1966年のボリビアでの皆既日食で、初めて捉えられたものです。その後、1973年のアフリカでの皆既日食では、コンコルドを用いた上空からの観測でも、赤外線によってはっきりと環の存在は示されました。ところが1983年のインドネシアでの皆既日食になると、日本の研究チームが観測したデータから、環の存在はかろうじてわかる程度になってしまっていました。続く、1991年のハワイ、メキシコ皆既日食では、その環の兆候はまったく消えてしまったのです。惑星間塵の供給源は小惑星がメインか、彗星がどの程度を占めているかは、まだそれほど明確ではありませんが、再度、この太陽の環が復活するときが来るのかもしれません。

〈惑星間塵を観察してみよう〉

さすがに惑星間塵は観測できないのでは、と思われるかもしれません。でも、そうでもないのです。惑星間塵はごく小さいので個々の塵を見つけ出すのは不可能ですが、実は全体では大量に惑星間にありますから、太陽の光を反射してぼやーっと輝いている様子を眺めることができるのです。

そのひとつが黄道光という現象です。天の川がよく見えるような真っ暗な空のもと、月明かりのない、よく晴れた春の夕方の日没後、薄明が終わった西の空、あるいは秋の早朝の薄明前の東の空に注目してください。すると黄道に沿って極めて淡い光の帯が見えます。地平線に近いほど太く、舌状の形状をしています。これが、惑星間塵が太陽の光を反射して、全体として光っている黄道光です。黄道光は、黄道から離れるにつれ暗くなります。これは黄道面付近に塵が集中しているからです。また、太陽から離れるにつれて、やはり暗くなります。春の夕方、秋の明け方が観測好機なのは、北半球中緯度から見ると黄道が地平線に対して大きな角度を持つために、黄道光が見やすくなるからで、他の季節でも見えないわけではありません。天の川よりも暗い光の帯ですが、ぜひその姿をスケッチしてみてください。

ところで、黄道光は空の条件が極めて良い場所であれば、黄道を一周しているのがわかります。そして、その光の帯の太陽とちょうど正反対の場所では、いささか明るくなっている領域があります。この領域にある塵ひとつひとつは、いわば太陽の光を全面に受けて明るく輝く満月状態になっています。そのため全体で太陽の光をたくさん反射するため、明るくなっているのです。この現象を対日照と呼んでいます。太陽と反対方向が天の川に重ならないような時期で、人工灯火の影響がまったくない、理想的な夜空でないと見ることのできない、幻の天文現象です。筆者も乗鞍《のりくら》岳山頂とオーストラリアでしか見たことはありません。

流星

流星の基本

満天の星が輝く夜空を見上げていると、ときどき音もなく流れる光に気がつくことでしょう。その光り方から「星が流れた」と表現することが多く、それが流れ星あるいは流星の語源となっています。

実は、流星は実際に恒星が流れているのではありません。通常の天体とは異なり、流星は地球大気中の現象です。前節で紹介した惑星間塵、それも1㎜から1㎝程度の砂粒（流星体と呼びます）が、地球大気に秒速約10㎞から70㎞ほどの猛スピードで飛び込み、高温となって蒸発しているのです。しばしば簡単に「大気との摩擦によって燃える」と表現されますが、この言い方は物理学的には正確ではありません。流星の発する光は、いわゆる燃焼の炎とは異なるからです。これは「衝撃波加熱」と言い、大気分子との激しい衝突によって惑星間塵の成分が蒸発し、熱くて電気を帯びたガスの雲（プラズマ）が光っている現象です。このガスは電波も反射するので、可視光だけでなく、レーダーや電波などでも観測できます。

プラズマとなった雲が、そこに含まれている成分によって様々な色で光ることを「輝線」といい、ナトリウムから発生するオレンジ色、鉄の紫色から黄色までの色、カルシウムの青色、ケイ素の赤色など条件によって複雑に混じり合います。実際、明るい流星をよく観察すると色がついて見えます。肉眼で感じる色は、こういった何種類かの物質が発する輝線の組み合わせです。一般に遅い流星だとオレンジ色が強く、速度が速いとカルシウムの輝線が強く青白くなる傾向があります。ただ、流星そのものの個性も強く、一概にいえるものではありません。逆に言えば、そういったバラエティも流星を眺める楽しみのひとつです。

流星が光っている高さは、一般には地上から80㎞から120㎞ほどです。通常の流星の場合、流星体の大きさは、せいぜいセンチメートルサイズ以下で、長いものでも数秒ほどで蒸発しきってしまいます。流星体のサイズが大きいほど、また地球に飛び込む速度（対地速度）が速いほど、つまり運動エネルギーが大きいほど流星としては明るくなります。一般には、望遠鏡でないと観測できないような暗い流星ほど数が多く、明るく輝く流星ほど頻度は少なくなります。これは惑星間塵が大きいものほど少ないのと同じです。

流星の明るさは、その流星が最も輝いたときに周りの恒星の明るさと比較して、等級で表します。この見かけの明るさを100㎞ほど離れた場所から見た明るさに換算したものを流星の絶対等級と定義します。流星でもきわめて明るいものを「火球」と呼ぶことがあります。英語では流星は「Meteor」ですが、火球は「Fireball」と区別されています。国際天文学連合では、絶対等級マイナス4等よりも明るいものを火球の定義にしようとしています（マイナス4等はほぼ金星の明るさですので、金星よりも明るいものと言い換えてもいいでしょう）。

火球は流星体の大きさが通常よりも大きなものです。通常の流星では、プラズマ雲をつくっている間に自分自身が溶けきってしまいますが、10cmを超える堅い石や鉄のようなものになると、突入条件によっては低空まで進入し、しばしば地上にまで落下することがあります。これが「隕石」あるいは「隕鉄」として拾われるものです。これらはほとんどが小惑星起源です。隕石落下の場合、その火球は地上から数十kmの高さまで進入してきます。そして、通常はその末端で爆発を起こし、破片が四散してしまいます。猛スピードで突入してきた隕石にとってみると、このくらいの高度の大気は、ほとんどコンクリートのような堅さと厚さを持っているように感じられるはずです。水泳の飛び込みの高さが高くなればなるほど、水面の衝撃も大きくなっていくのと同じです。隕石は、その厚い大気層に衝突し、たまらず爆発・破裂してしまうわけです。バラバラになった隕石の破片は、急速に冷えながら自由落下していきます。この自由落下の部分は、もはや流星のようにプラズマの雲をつくって光ることがないので見えなくなります。この飛行経路を「ダーク・フライト」と呼ぶことがあります。実際、1996年1月7日に関東地方に落下したつくば隕石の例では、最終端（破裂点）は20～30kmと推定されています。

こうした隕石落下を伴う火球では、出現からしばらくして数分後に爆発音のような大音響が聞こえることがあります。大気の下層まで流星体が燃え尽きずに突入してくると、そのスピードは音速を優に超えます。少なくともマッハ30以上、超音速旅客機の20倍もの猛スピードです。したがって超音速旅客機以上のすさまじい衝撃波が起きます。この衝撃波が、数分後に地上に達して、多くの人を驚かすのです。ドドーンという爆発音のように、窓ガラスを揺さぶったりします。隕石が大きければ大きいほど、この衝撃波も強くなり、2013年2月にロシア・チェリャビンスクに落下した隕石では、窓ガラスが割れたり、工場の壁が倒壊して、1000名を超える人がけがをしたほどです。日本でもつくば隕石の衝撃波は関東平野中に轟《とどろ》きわたって、日曜日の夕方ということもあり多くの人が気がつきました。大火球を目撃したら、ガラス窓から離れるなどして備えた方が良さそうですね。

明るい流星が出現した後、煙のようなものが残ることがあり、これを「流星痕《こん》」と呼んでいます。多くはほんの数秒程度で消えてしまいますが、明るい流星だと数分から数十分も残って、光り続ける場合もあります。これを特別に「永続痕」と呼びます。永続痕がなぜ長時間、光り続けるか、まだあまりよくわかっていません。永続痕は、次第に暗くなりながらも、その形が超高層にある大気の風の流れによって変形していきます。地上からの高さによって風の向きがまったく異なっていたりする上に、風速も数十mと強いので、奇妙な変形を見せます。まるで天を泳ぐ龍のようです。

こうした流星現象は木星や火星でも観測されています。また月への大きな流星体の衝突による発光現象も、しし座流星群やペルセウス座流星群の時期に観測されています。月の場合は、固体表面への衝突による発光ですので、地球の流星現象とは発光のメカニズムはまったく異なります。

流星群の基本

流星は、毎夜のように出現していますが、しばしば特定の時期に数が急激に増えることがあります。これを流星群と呼び、流星群に属する流星を群流星、属さない流星を散在流星と呼んでいます。

流星群が出現する理由は、流星体が連なって太陽を公転している、いわば砂粒の川の流れに地球が突入するからです。この川に含まれる流星体は、地球大気にほぼ平行に突入してきます。そのため地上から見ると、あたかも星座の一点から放射状に流れるように見えます。平行に突入してくる流星の軌跡を逆に辿ると、一種の遠近法により、ある一点に収束するように見えるからです。線路を眺めると、2つのレールは平行ですが、遠方で一点に収束するように見えるのと同じ原理です。この収束点を天文学では「放射点（輻射点《ふくしやてん》）」と呼んでいます。この放射点の近くの星座や恒星の名前をもとに、XX座XX流星群という名前が付けられます。国際天文学連合では、現在112もの流星群について、その名称を決めています。

流星群に属する流星は、同じ母親から生まれた砂粒です。主に彗星から放出された砂粒で、直径が典型的には0・1㎜程度よりも大きいサイズです。前に紹介したように彗星からは様々なサイズの塵や砂粒が放出されます。サイズが小さなものは太陽放射圧を受けて、ゆるやかに流されて塵の尾を形作りますが、そのサイズは通常数ミクロンからせいぜい100ミクロンと大変に小さく、流星にはなりません。もっと大きなサイズの砂粒が流星体になるのですが、それらを天体観測で捉えるのは困難です。その第一の理由は、大きくなれば砂粒の数が少なくなって太陽光の反射量も少なくなるので、尾のように光輝かないからです。第二に砂粒のサイズが大きいため、核から放出されるときのガスによる加速が弱く、彗星核からの離脱スピードが遅いことに加え、彗星核の引力によってある程度引き戻される力が働くため、そうそう簡単に核から離れないからです。流星体のような砂粒の核からの離脱速度は、せいぜい秒速数十m程度にとどまります。たとえ放出されたとしても、長く核の近くにとどまり、地上観測では頭部（コマ）の光に埋もれて観測できません。

さて、彗星から放出された流星体は、見かけ上は、彗星核とほとんど同じような軌道運動をしながら、きわめてゆっくりと核から離れていきます。そして、流星体の集団は次第に軌道上で、核の前後に細長く伸びていきます。流星体の振る舞いは、ほとんど太陽の引力だけで決まっているといってもよいほどです。個々の流星体の軌道が、初期の放出速度によって、本体である核とは微妙に異なるために次第に核から離れていくのです。こうして何度も太陽の周りを回るうちに、核の前後に細長い流星体の濃い川の流れを形成します。これが地上や宇宙殻の赤外線望遠鏡で観測される「ダスト・トレイル」です。細いトレイルが、母親である彗星が太陽に近づくたびに新しく生まれていくのです。

母親である彗星の軌道が安定していて、なおかつ彗星が活発に流星体を供給し続ければ、その軌道上にどんどん流星体が拡散していきます。そして母彗星の周囲に非常に濃い流星体が密集している状態になります。初期段階では、彗星核から遠く離れた軌道上にはほとんど流星体が存在しません。そのために、母彗星が太陽に近づいてきたときにのみ、地球では流星群が出現することになり、母彗星が遠方にあるときには、地球がその軌道を横切ってもほとんど流星が出現しないことになります。激しい流星雨が出現する周期は、彗星の周期そのものと一致し、周期的に活発な流星群が活動することから、しばしばこういった進化初期の流星群を「周期群」と呼ぶことがあります。10月りゅう座流星群や、しし座流星群などが典型的な周期群の例です。

ダスト・トレイルは、母親である彗星が太陽に近づくたびに新たに生み出されます。彗星の軌道は、惑星の引力の影響で毎回わずかずつ異なるので、ダスト・トレイルは、次々と微妙に異なる場所にできていきます。20世紀には、彗星軌道そのものを中心に流星体が集中していると考えられていましたが、21世紀にかけてのしし座流星群の観測から、実際には、母親が太陽に近づくたびにつくった細いダスト・トレイルの集合体であることがわかってきました。そして、それぞれの位置を計算すると、実際の流星群の出現をよく再現できることがわかったのです。これを「ダスト・トレイル理論」と呼んでいます。

母親が特定されていれば、このダスト・トレイル理論を用いて、流星群の正確な出現ピーク時刻を数十分の精度で予測することができ、周期群の観測が行いやすくなったことは、近年の流星天文学の革新的な進歩といってよいでしょう。

長い年月がたつと、軌道上の流星体の拡散が進み、核に先行する流星体と、核から遅れていく後方の流星体とが、いわばレースの周回遅れのように混じり合うようになります。彗星の方も枯渇していくと、彗星核の周囲の流星体が濃密な部分も薄くなっていきます。こうして流星体は彗星核とは無関係に、軌道上にほぼまんべんなく分布するようになるのです。同時に流星体に加わる引力以外（太陽光の圧力など）の効果によって、彗星の軌道とも微妙にずれていき、流星体の分布する軌道の幅も広がっていきます。このような状態の流星群だと、流星体の分布は母彗星の軌道上の位置とはほぼ無関係で、地球がその軌道を横切るたびに、毎年ほぼ同じような規模で流星が見られるようになります。定常的に出現するという意味で、こういった流星群を「定常群」と呼びます。軌道の幅が広いぶん、活動期間も長く、数週間にわたって流星群に属する流星が散見されるのも特徴です。毎年1月初めに出現するしぶんぎ座流星群、8月中旬に出現するペルセウス座流星群、12月中旬に現れるふたご座流星群などは、典型的な定常群です。ちなみに、この3つは毎年かなりの数の流星が出現するので、三大流星群と呼ばれています。

進化が十分に進んだ流星群では軌道の幅が広いので、ある程度母彗星の軌道から離れていても流星群として検出できます。そのため、彗星の軌道が地球軌道と2ヶ所で接近する場合、同じ母彗星を起源とする異なる2つの流星群が見られることがあります。76年の周期を持つハレー彗星は、5月上旬に見られるみずがめ座流星群と、10月下旬のオリオン座流星群という2つの有名な流星群の母親になっています。

流星群の進化が進むうちに、母彗星は物理的に枯渇してくるはずで、どこかで流星体の供給はなくなります。例えばアンドロメダ座流星群などは、供給源としての母彗星は雲散霧消したとされていますので、流星群としては定常化への道を辿りながらも拡散消失していく運命にあります。このような流星群は、その活動が衰退する一方なので「衰退群」と呼ぶことがあります。

このように、流星群に属する流星体は、進化の末に拡散しすぎて、いずれは流星群と認識できない状況になっていきます。最終的には惑星間を漂う一匹狼の砂粒になるでしょう。そういったものが地球大気に飛び込んで、どの流星群にも属さない「散在流星」となるのです。逆に言えば、散在流星の大部分は、もともとはどこかの流星群に属していたものが、長い年月の間に帰属不明になったものと考えられます。ほとんどは太陽系の中で彗星から（ごく一部は小惑星から）生まれたものですが、散在流星の一部には双曲線軌道に近いものもあります。太陽系の重力圏外から、つまり星間空間からやってきた可能性があるのですが、観測誤差が大きいために、その真偽はわかっていません。

流星群に属する流星の出現数は、流星群によって様々です。ほとんどの流星群は、かなり数が少ないのですが、出現数が極端に多い場合、例えば、しし座流星群が大出現するような場合には、「流星雨」あるいは「大流星雨」とか「流星嵐」という言い方をすることがあります。

こうした流星群の活動度、つまり流星の数の多さは、一時間当たりの流星数を指標としています。これは Hourly Rate の略でＨＲとも記されます。例えば、10分間に5個の流星を数えたら、一時間当たりにすると30個に相当するので、ＨＲ30と表します。流星群の活動の度合いを表すのに非常に便利です。しかし、一時間空を眺めていても大都会の星の見えない場所と満天の星が見える場所では数がまったく異なります。また、放射点の高度が低ければ低いほど、視野に飛び込んでくる流星の数は減ってしまいます。他に、月明かりや天候状況、視野の広さなど、様々な観測条件の差がもろに影響してきます。放射点が天頂にあって、6等星まで見える月明かりのない場所で、視界を遮られることなく晴天の夜に一時間当たり何個の流星が流れるか、という理想的な条件のもとでの値（天頂修正一時間当たり流星数という意味のZHR（Zenithal Hourly Rate））を用いて、流星群同士は比較されます。いわゆる三大流星群の極大時には一時間当たりのZHRは100個を超えることがあり、その眺めは壮観です。ただ、よいことばかりではありません。惑星間塵のところで紹介したように、流星体も人工衛星や探査機にとって脅威になり得るのです。実際、1993年8月12日に、ヨーロッパの打ち上げた人工衛星オリンパスが、突然の姿勢制御不能に陥り、回復不可能になってしまいましたが、この日はちょうどペルセウス座流星群のピーク時だったこともあり、流星体の衝突によるものと推定されているのです。

幻の流星群の謎を解く

1956年、日本の南極観測船「宗谷《そうや》」が南極へ向かっている途中、インド洋上で突然の流星雨に遭遇しました。一時間に数百個の明るい流星が夜空を彩ったのです。その様子は当時の南極新聞（第20号1版、昭和31年12月6日号）に「熱帯の夜の饗宴――天球狭しと流星の乱舞――」として記述されています。いずれにしろ第一次南極越冬隊の隊員により貴重な記録が残され、放射点の位置から、ほうおう座流星群と命名されました。

ところが不思議なことに、それ以後はまったく出現しませんでした。それだけではありません。過去の記録を辿っても、それらしい出現記録がありません。さらに、母親の彗星も181９年に一度だけ姿を見せた周期５・１年のブランペイン彗星と言われましたが、これもはっきりしませんでした。なにしろこの彗星も、それ以来、行方不明だったのです。わからないづくしの流星群として、ほうおう座流星群はいつしか「幻の流星群」となっていきました。理科年表を調べてみると、１９９２年までは流星群の表に「ほうおうβ」と記されていますが、１９９３年版からはリストから削除されてしまいました。

ところが、２００５年にあるニュースが飛び込んできました。2年ほど前に発見された地球近傍小惑星のひとつ、2003ＷＹ25の軌道がブランペイン彗星と似ているというのです。もし、両者の軌道がリンク（以前の観測データをつなげること）できれば、軌道決定の精度が上がり、もしかすると１９５６年の大出現の理由や、その後出現しなかった理由がわかるかもしれません。そこで筆者を含む研究グループでは最新のダスト・トレイル理論を用いて計算してみました。結果は予測通り、１９５６年には実に多くのダスト・トレイルが地球軌道を横切っている理想的な流星雨の出現条件だったことがわかったのです。しかも地球がそれらを横切る時刻は、宗谷の観測記録の流星出現ピーク時刻とぴったりと合致しました。そして、他の年にはダスト・トレイルがまったく地球と交差しないこともわかりました。50年にわたって「幻」であり続けた流星群の謎が解けた瞬間です。50年前、日本人研究者によって貴重な記録が残された流星群の謎を解いたのも、われわれ同じ日本人であったことにも、ある種の感動を覚えざるをえませんでした。

ところで、この小惑星がブランペイン彗星であることが確定したことで、彗星の運命について、格好の研究対象となりました。前述したように、彗星は揮発性物質を蒸発し尽くしてしまうと、通常は雲散霧消してしまいますが、何らかの残骸を残すものがあるのではないかと言われ続けています。ふたご座流星群の母親であるフェートンも、小惑星か彗星の亡骸かで議論が続いています。しかし、ブランペイン彗星は確実に19世紀初頭には彗星活動をしていました。それが21世紀になって小惑星として再発見されたのですから、枯渇していく過程にあることは間違いないでしょう。2003WY25から、ごくわずかに彗星活動があることも、その後の観測で指摘されています。これから活発に分裂したり、消失したりするとは、とても思えません。彗星がどのように枯渇していくかを調べる格好のターゲットです。その上、流星群を伴っていることは、その解明の上で大きなメリットです。彗星のような天体の過去の活動履歴を、流星群の活動規模を用いて推定できる可能性があるのです。

実は、われわれはダスト・トレイル理論を未来にも適用し、ダスト・トレイルの2030年までの地球への接近状況を調べてみました。その結果、2014年に出現の可能性があることがわかったのです。この年に近づくのは、彗星から1909年と1930年に放出された比較的新しいダスト・トレイルです。すなわち母親であるブランペイン彗星が20世紀になって、彗星活動をほとんど止めてしまっていたとすれば、流星体の放出はないはずですから、これらのトレイルには流星体が含まれていないはずで、ほうおう座流星群は出現しません。逆に、この時期にもいくばくかの彗星活動があったとすれば、流星は現れるはずです。一方、1956年の大出現の原因となったダスト・トレイルは、1760年から1819年までに放出されたものです。1956年に大出現があったということは、母親であるブランペイン彗星は、その期間には彗星として流星体をたくさん放出していたことを示しています。

2014年、われわれは、ダスト・トレイルが横切る時刻に観測可能なスペイン・カナリー諸島のラパルマ島に渡りました。そして復活を果たした幻のほうおう座流星群に出会うことができたのです。最も感激されたのは、観測に同行された中村純二先生（1956年に南極観測隊員として、このほうおう座流星群を記録された東京大学名誉教授）ご夫妻だったでしょう。この感動の物語は、NHKコズミックフロントの番組「復活！　幻の巨大流星群」となっていますので、ご興味のある方はぜひオンデマンドでご覧ください。

2014年のほうおう座流星群の出現数は少なく、彗星活動は19世紀に比べて20％以下に下がっていたと推定されます。現在、世界中のデータを集めて解析をしている最中ですが、彗星・流星群研究における新境地、つまり流星群の活動を調べることで、その母親である彗星の過去の活動を推定する新しいアプローチを開いたことは確かです。

〈流星を観測してみよう〉

1　肉眼で流星を数えてみよう

天体観測でも最も手軽で人気があるのが、この流星観測です。なにしろ望遠鏡や双眼鏡といった特別な機材がいりません。肉眼で夜空を広く観察して、流星の出現を待つだけですから、読者の皆さんも今夜からでも始められます。あなたが目撃した流星は、一期一会で、二度と同じ流星は現れません。その流星を目撃したのはあなただけかもしれませんし、突然、予想もしない流星群の出現に出会うかもしれません。その意味では貴重なデータとなるので、ぜひ観測記録を残しましょう。まずは流星群の活動がピークとなる時期がお勧めです。出現数が多いので確実に流星を捉えることができますし、その流星群の活動度を推し量ることができます。

準備するものとしては正確な時計。デジタル表示の置き時計や、触ると音声で時刻を知らせてくれる時計も便利です。観測用の懐中電灯（目を刺激しないように赤く減光したもの）、移動するときに用いる通常の懐中電灯もあると便利でしょう。そして流星観測用の記録用紙と筆記用具。一人で観測する場合、夜空から目を離さないように記録できるボイスレコーダーや探り書き用のレジのレシート用のロール用紙なども利用されています。長時間立ったままで観察すると疲れますから、レジャーシートやサマーベッドなどを用意して、安全な場所で寝転んで観察できるとよいでしょう。季節によっては防寒対策、防虫対策が必須です。

準備が整ったら、さっそく観測場所を決めましょう。街灯などの明かり（光害）を避け、なるべく夜空が暗く、視界が広いところを選びます。そして安全な場所を選びましょう。観測前には、しばらく目を暗闇にならします。そして観測スケジュールに従って観測を行います。1回の観測時間は30分以上とし、休憩を挟んで、何度か繰り返すとよいでしょう（例えば、50分観測して10分休憩など）。

観測開始の前と後には、夜空の状態をチェックします。星の見え具合、つまりどのくらい暗い星が見えるか（最微星光度）を調べます。天の川がはっきり見えるような暗い空と、光害があってあまり星が見えない市街地では、捉えられる流星数が違いますので、観測結果を比較するためには、夜空の条件を記録する必要があるからです。その星空でなるべく天頂に近い場所に見える最も暗い星の等級「最微星光度」は、手持ちの星図を使って、最も暗い星が何等星か

ペガスス座付近の指定エリアの星図

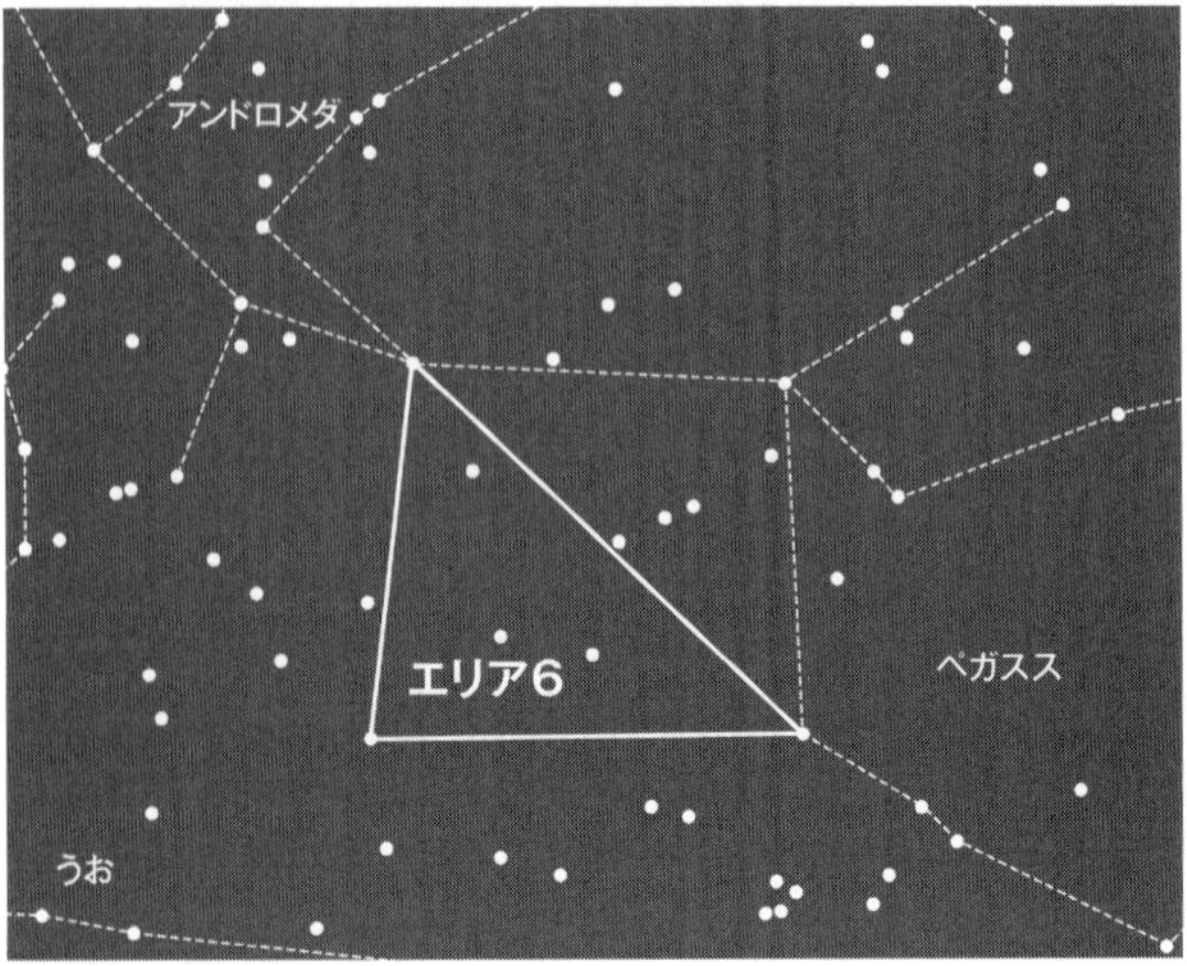

※星図はステラナビゲーターにより作成しました。

エリア内の星数と最微星光度の表

※星数は、エリアを作る星自体（コーナースター）も含めて数えます。

星数	最微星光度	星数	最微星光度	星数	最微星光度	星数	最微星光度
1	2.06	15	6.29	29	6.72	43	7.15
2	2.49	16	6.44	30	6.73	44	7.19
3	2.84	17	6.47	31	6.74	45	7.24
4	4.66	18	6.50	32	6.82	46	7.27
5	5.08	19	6.50	33	6.87	47	7.33
6	5.49	20	6.57	34	6.89	48	7.37
7	5.56	21	6.59	35	6.89	49	7.43
8	5.80	22	6.59	36	7.07	50	7.44
9	6.13	23	6.60	37	7.07	51	7.45
10	6.14	24	6.60	38	7.10	52	7.45
11	6.17	25	6.67	39	7.11	53	7.45
12	6.25	26	6.68	40	7.12	54	7.49
13	6.25	27	6.68	41	7.12	55	7.49
14	6.26	28	6.69	42	7.14	56	7.50

※データはIMO（国際流星機構）のウェブ（英語）を参照しました。

を調べる方法と、国際流星機構が定める比較的明るい星で囲まれた決められたエリアの中の星の数を数える方法で算出できます。

さらに、夜空が快晴でなく、一部が雲で覆われる場合がありますね。観測者が見える空全体のうち、雲がどのくらいを占めるか（雲量）も記録しておきます。空全体を雲が覆っている状態が10、雲がない快晴が0で、例えば半分を雲が覆っていたら5です。雲量は、観測の開始前と終了後に調べますが、刻々と変化する場合は、途中でも時刻とともに記録しておくとよいでしょう。流星群の出現が予測される場合は、放射点を確かめておき、流星群に属する流星が、見ている視野のどちらの方向から流れてくるかを確認しておきましょう。

さぁ、時間になったら観測開始です。寝転がって天頂を向き、開始時刻を記録します。視界の都合で、天頂以外を視野の中心にする場合は、その視野の中心の星座や方角・高度を記録しておきます。

流星が出現したら、まずは流星群に属する群流星か、属さない散在流星かを判断します。出現時刻とともに、周りの恒星と比較して、流星が最も明るいときの明るさ（光度）を等級で記録します。ひとつひとつの流星の出現時刻を記録するのが基本です。また、流星に特徴があった場合には、それを記録しておきます。経路に沿って「すじ」のようなものが残る流星痕の有無、流星の速度や色なども貴重な情報です。

主な流星群の一覧

出現が期待される主な流星群を表に示します。特に、毎年ほぼ安定して多くの流星が出現する３つの流星群「しぶんぎ座流星群」「ペルセウス座流星群」「ふたご座流星群」は、「三大流星群」と呼ばれています。

流星群名	流星出現期間(注1)	極大(注2)	極大時のZHR(注3)	極大時1時間あたりの流星数(注4)
しぶんぎ座流星群	12月28日-1月12日	1月4日頃	120	45
4月こと座流星群	4月16日 - 4月25日	4月22日頃	18	10
みずがめ座η(エータ)流星群	4月19日 - 5月28日	5月6日頃	40	5
みずがめ座δ(デルタ)南流星群	7月12日 - 8月23日	7月30日頃	16	3
ペルセウス座流星群	7月17日 - 8月24日	8月13日頃	100	40
10月りゅう座流星群(ジャコビニ流星群)	10月6日 - 10月10日	10月8日頃	20	5
おうし座南流星群	9月10日 - 11月20日	10月10日頃	5	2
オリオン座流星群	10月2日 - 11月7日	10月21日頃	15	5
おうし座北流星群	10月20日 - 12月10日	11月12日頃	5	2
しし座流星群	11月6日 - 11月30日	11月18日頃	15	5
ふたご座流星群	12月4日 - 12月17日	12月14日頃	120	45

注1：一般的な出現期間。この期間なら必ず流星が見られるということではなく、非常に流星数が少ない時期も含む。IMO (International Meteor Organization) のデータより。
注2：一般的な極大日。年によって前後1～2日程度移動することがある。なお、流星群によっては、極大日が毎年必ずしも一定でなく、年により数日から数十日ずれるものもある。IMOのデータより。
注3：極大時に放射点が天頂にあり6.5等の星まで見える空で観察した場合、という理想的な条件に換算した1時間あたりの流星出現数。
注4：日本付近で、極大時に十分暗い空(薄明や月の影響がなく、5.5等の星まで見える空)で観察したときに予想される1時間あたりの流星数。街明かりの中で見たり、極大ではない時期に観察したりした場合には、数分の1以下となることがある。
なお、IAU(国際天文学連合)で確定した流星群の一覧については、流星群の和名一覧(極大の日付順)に掲載されています。

観測が終了したら、帰宅後にデータを整理・集計しましょう。空の状況（最微星光度・雲量）の記録を確認し、平均値を求めたりして、しかるべき所に報告してもよいでしょう。国立天文台では、条件の良い流星群について、しばしば観測キャンペーンを行いますので、その場合は国立天文台に専用の観測報告受付窓口がインターネット上で開設されます。また、日本流星研究会という団体が独自に報告を受け付けています。集計用紙は日本流星研究会のホームページからダウンロードして用いてください。

このように流星を数え、流星群の出現状況を調べたりする観測を計数観測と呼んでいます。慣れてくれば、ひとつひとつの流星の経路を記録する経路プロット観測という手法や、複数で行うグループ計数観測、あるいはビデオ機材などを用いたやや専門的な観測方法もありますので、よかったら挑戦してみてください。

2　電波で観測してみよう

夜、外へ出て観測するのはどうも、という人には電波観測という手があります。流星はプラズマなので、そこには電子も含まれています。つまり周りの大気に比べ局所的に電子の密度が高くなっているのです。ならば、そこへ電波を当てれば反射してくるのではないか、と考えた先生が、原子模型の理論で世界的に有名な日本の物理学者・長岡半太郎博士でした。実際、1

９３０年代にはレーダーを用いて流星からの電波を捉えることに成功しました。流星から跳ね返ってきた電波を流星エコーと呼んでいます（正確に言うと、流星の経路上に残った電子の雲からの反射で、流星本体の周りにできる雲からの反射も高度なテクニックを用いれば受けることができ、こちらをヘッド・エコーと呼んで区別します）。

長波から短波、極超短波までほとんどが反射しますので、ご家庭のＦＭラジオなどで手軽に試すことができます。やり方は実に簡単。少し手間がかかりますが、ＦＭ用の八木アンテナをつなぎ、その地方では聞こえることのない、遠い民間放送局に周波数を合わせておくだけです。すると、ザーというノイズが聞こえるのですが、流星が出現し、その反射条件が合うと、ほんの一瞬だけ放送内容が聞こえるのです。その数を数えるだけで流星の多い少ないがわかります。しばしばＥスポと呼ばれる電離層の異常が起きて邪魔をされることがあるのは欠点ですが、昼夜や天候に無関係に観測できるメリットがあります。

ちなみに、流星の電波反射を通信手段に用いていたこともあります。流星バースト通信（ＭＢＣ）と呼ばれる方法で、アメリカ・ロッキー山脈のスノーテルシステム（１０００㎞におよぶ広大な範囲での積雪量などの自動監視システム）、フィリピンの島嶼《とうしょ》部の灯台を結ぶシステムなどが実用化されました。人工衛星や短波通信を用いる方法に較べて、初期投資もランニングコストも安いメリットがありました。

筆者も高校時代、会津若松で普段は聞こえない東京のFM放送の電波を用いて観測していたことがあります。一瞬、聞こえるアナウンサーの声や音楽などに、ロマンを感じながらザーというノイズを聞いていた覚えがあります。最近は、音を聞いている人は少なく、信号を取り出してPCで記録する方法がはやりです。FM局も多局化した最近では、なかなかやりにくくなった方法ですが、試してみるとよいでしょう。

〈流星塵を観察してみよう〉

上空で溶けてしまった流星体の砂粒から放出された物質の一部、特に金属などは、再び寄り集まって丸く凝結しながら、冷えて固体の丸い粒となります。直径0・1㎜以下の固体の球粒となって、ゆっくりと大気中を降下し、最終的には地上に達します。こうして、あるものは海の底深く没し、海底にたまっていきます。深海底の泥の中から、あるいは大気中から、塵を注意深く集めてみると、確かに丸い球粒が見つかります。これらは鉄を主成分とし、ニッケル、マンガン、コバルト、銅などの重金属およびその酸化物を含むもので、いわゆる隕鉄の成分比にも似ていて、明らかに宇宙起源であることがわかる場合があります。鉄を主成分とする鉄質球粒ものが多いものの、中にはケイ酸質のものや、全体が無色透明な美しいガラス質の球粒もあります。これらは、一度高温で溶融した形跡があることや、成分比などから地球外起源であると思われており、「流星塵」または「宇宙塵」などと呼ばれています。深海底から発見されるものは、「深海底球粒ＤＳＳ（Deep Sea Spherules）」と言われることもありますが、地上で見つかるものと基本的には同じです。

これらの収集・観察は、顕微鏡さえあれば簡単です。金属なので、雨水を集めて磁石を利用して、鉄質球粒を集めたり、あるいはプレパラートにグリセリン等を塗って、落下してくる塵の中から球粒の流星塵を見つけたりできます。ちょっと根気よく探すと、いくらでも見つかるので、なかなか面白いのですが、現在では工場などの煙突や車の排気ガスなどからも同様の球粒物質が排出されるので、形が球だからといって必ず宇宙起源の流星塵であるとは限らなくなってしまいました。ひとつひとつの成分分析には高度・高価な分析計を用いなくてはならないので、なかなか本格的には手を出しにくくなったのは残念なのですが、集めて眺めるくらいだったら、本当に簡単なので、読者の皆さんも試してみられるとよいでしょう。望遠鏡の中だけではなく、顕微鏡の中に見る宇宙もなかなか楽しいはずです。それが、宇宙からやってきた流星塵だと思えばなおさらでしょう。

第四章　見え始めた太陽系外縁部

第一章で紹介したように、太陽系の地平線は現在でも広がり続けています。太陽系外縁部には、惑星と呼べるような天体が、まだあるのかもしれません。太陽系外縁部の研究の最前線を紹介しましょう。

太陽系外縁天体の基本

太陽系の天体のうち、海王星の軌道よりも外側を周回しているものを太陽系外縁天体と呼んでいます。英語では、海王星よりも遠い天体という意味で「トランス・ネプチュニアン・オブジェクト（TNO）」と呼びます。太陽から遠方にあるために、明確な彗星活動を示しているものはありませんが、火星と木星の間にある小惑星のような岩石質ではなく、彗星のように氷が主成分であると思われています。太陽系外縁天体の中でも、準惑星であるものを「冥王星型天体」と呼びますが、これは後に紹介しましょう。

1930年の冥王星発見以降、海王星よりも遠方の領域で天体が発見されることはありませんでした。しかし、第一章で紹介したように、われわれ人類の宇宙を見る目が良くなってくると、さらに遠方の微かな天体が見つかるようになり、ついに1992年に冥王星以外の太陽系外縁天体が発見されたのです。それ以後、数は急激に増えています。

太陽系外縁天体の大きさとしては、エリスや冥王星が最大級で、その直径は2000㎞を超えています。いまのところ、それらを超える天体は見つかっていません。しかし、なにしろ遠方に存在していて、暗いこと、そして黄道面よりも大きく傾いている軌道を持つ可能性も大きいことから、まだまだ未発見の天体があるだろうと言われています。

太陽系外縁天体の特徴のひとつが、30天文単位からせいぜい50天文単位までの帯状の領域に集中していることです。この帯状領域を、こういった小天体の存在を予想していた天文学者の名前から「エッジワース・カイパーベルト（あるいは単にカイパーベルト）」と呼びます。海王星の引力の影響が強いため、この帯は海王星の公転周期との比率が3：2から2：1の間になっています。

もうひとつの太陽系外縁天体の特徴が、冥王星に代表されるように、軌道がかなり傾いていたり、細長い楕円軌道の天体が数多くあることです。公転周期比が海王星と3：2や2：1の場所にも太陽系外縁天体が集中しています。これらは海王星と共鳴している状態にあるので、「共鳴天体」と呼び、特に3：2の場所には冥王星が含まれるので、特別に「プルチノ（小さな冥王星という意味）族」と呼ぶことがあります。ベルトの中間にある天体群は、海王星と特別な関係にはないため、「古典的外縁天体」とも呼ばれています。後に述べる冥王星型天体であるハウメアやマケマケが含まれます。50天文単位よりも外側には、エリスなどに代表される、大きく伸びた楕円軌道の外縁天体が散在していて、まとめて「散乱円盤天体（SDO）」などと呼ぶことがあります。

散乱円盤天体は、ベルトの中での相互の衝突や接近遭遇、あるいは海王星の影響などで外側にはじき飛ばされた天体群と考えられています。もちろん、そのような影響で、内側にはじき飛ばされる天体もあるはずですが、その場合は、彗星の項でも紹介したように、引力が強い海王星に捕まり、さらに内側へと落ち込みつつあるケンタウルス族へと進化し、やがて一部は短周期彗星へ進化する天体となります。一方、外側へ散乱された場合でも、その天体は必ず軌道上で散乱された場所、つまりベルトの中へ帰ってきます。つまり、よほどのことがない限り、近日点はベルトの中にあることになります。近日点を見れば、この天体の出自がエッジワース・カイパーベルトであり、そこから散乱されたものとわかるわけです。

太陽系外縁天体は、惑星成長のスピードが遅かった領域だったため、成長途中で、原始太陽系円盤のガスがなくなってしまい、それ以上に成長できず、取り残された天体群です。外縁天体の軌道が火星と木星の間にある小惑星よりも乱れていて、大きな傾きや歪んだ楕円軌道のものが多く存在することは、太陽系形成初期に海王星がじわじわと外側に移動してきて、軌道を乱した証拠だと思われています。

冥王星型天体の基本

第一章でも紹介しましたが、太陽系の天体は現在、惑星、準惑星、太陽系小天体の3つのカテゴリーに分類されています。2006年に国際天文学連合が定めた定義で、惑星は（1）太陽の回りを公転し、（2）十分な質量があって、自分の重力が強いため、その形がほぼ球形となっていて、（3）軌道の周囲から、その引力によって他の天体を一掃してしまった状況の天体です。このうち、（3）の条件が満たされないものが準惑星と分類されます。つまり、ある程度の大きさになって、（2）の条件を満たすような天体でも、火星と木星の間にある小惑星帯に属する小惑星ケレスや、太陽系外縁天体の冥王星などは条件（3）を満たしていませんので、準惑星に分類されます。現在のところ、準惑星に登録されているのはケレス、冥王星、エリス、マケマケ、ハウメアの5つです。

ところが、準惑星として小惑星帯の天体と、海王星の外側にある太陽系外縁天体を一括してしまうには問題もあります。太陽からの距離が大きく違いますので、小惑星帯のあたりでは岩石質が多い一方、太陽系外縁天体あたりだと氷が多いからです。さらに言えば、生まれ方・育ち方にも違いがあります。小惑星帯は、かなり惑星形成が進みましたが、木星などの影響もあり、衝突で破壊された形跡があります。小惑星の一部は、準惑星レベルの天体となって内部が分化した後に破壊された証拠もあるからです。片や、太陽系外縁天体では、衝突による合体があったことは確かですが、それほど衝突による破壊の証拠は見られません。したがって、この両者を同じ準惑星に分類することに抵抗を感じる研究者が多数いるのです。

そこで、国際天文学連合では、冥王星がそれまで長く惑星と呼ばれてきたことも鑑みて、準惑星のうち、太陽系外縁天体に属するものだけを取り出したカテゴリーである「冥王星型天体」を設定しました。現在、小惑星帯に属するケレスを除く、冥王星、エリス、マケマケ、ハウメアの4つが、このカテゴリーに属しています。最新の研究結果では、当初、冥王星よりも大きいとされたエリスは、冥王星のサイズとほとんど変わらないことがわかりました。やや密度が重いので、エリスの方が質量は大きいようです。冥王星型天体に属する天体は、今後も新たに追加されていくことが予想されます。

冥王星が準惑星、あるいは冥王星型天体になったことで、なんだか格下げされたかのように思われるかもしれませんが、天文学的にはこうした天体は重要な意味を持っています。原始太陽系円盤の塵とガスの中で惑星の元となる微惑星が無数に生まれて、お互いに衝突・合体しながら原始惑星へと成長していき、最終的に惑星になるというシナリオを考えると、惑星は育ちきった「鶏」のようなもので、惑星をつくる材料となる彗星や小惑星として残っている微惑星は「卵」、そして、冥王星を含む準惑星群は、衝突・合体しながら惑星へ成長する途中の段階の「ひよこ」と言えるかもしれません。

8つの惑星は大きく育つと同時に、その軌道の領域では、いわば王者として他の同じような大きさの天体の存在を許さなくなります。その強い引力で惑星に引き込んでしまうか、放り出してしまうかで、他の天体を掃除してしまうのです。ところが、太陽系外縁部のあたりでは、時間切れになってしまい、「鶏」になれずに残ってしまった「ひよこ」たちがごろごろしているのです。

惑星にまで育ってしまうと、内部がどろどろに溶けて、重い物質が中心に沈み、軽い物質が表面に露出する分化が起きます。こうして地球型惑星の中心には鉄などの核が、木星型惑星の場合には岩石や氷の核ができます。こうなると、どんな材料から惑星ができたか、表面を探ってもわからなくなるのです。そこで、惑星の材料や成長過程を調べるためには、どろどろには融けていない小惑星や彗星などの「卵」、あるいは溶けかかって成長が止まった準惑星の「ひよこ」たちを探査するのが大事になるわけです。多くの探査機が彗星や小惑星、そして準惑星に向かっているのは、それらが惑星の材料や成長の過程を「化石」として閉じこめているからなのです。

冥王星の基本

小惑星番号134340がつけられた冥王星は、1930年にアメリカ・ローウェル天文台のトンボーによって発見され、2006年まで第9惑星と呼ばれていた天体です。冥王星型天体の代表でもあり、太陽系外縁天体としても最初に発見された歴史的な天体といえるでしょう。

周期約248年で、きわめてゆっくりと太陽を回っています。

軌道の歪み具合が大きな楕円軌道で、海王星よりも太陽に近づくことがありますが、海王星の周期と2：3の整数比となる公転周期を持つ共鳴状態にあり、軌道も黄道面に対して17度も傾いているために、海王星と接近することはありません。

ごくわずかな大気を持っていて、太陽から離れるにつれて、霜のように表面に凍りついていくのではないか、とされています。

冥王星は5つの衛星を持っていますが、特筆すべきは衛星カロンです。冥王星の半分もの大きさがあり、密度は両者とも一立方センチメートルあたり約2gと推定されています。外側の天体にしては氷とともに、岩石にも富んでいますが、その結果、冥王星と衛星カロンの重心は、冥王星上空1200kmの場所となってしまっています。そのため、連天体（同じような大きさで、お互いを周りあっている天体）とも見なされることがあります。ただ、両者の表面は似て非なるものです。冥王星本体の主成分はメタンなどの氷だと思われるのですが、カロンは水の氷なのです。この極端な差がどうして生まれたかもよくわかっていません。

ついでに、冥王星以外の冥王星型天体も紹介しておきましょう。エリスは、2003年に撮影されたデータから発見された、冥王星とほぼ同じサイズの天体です。黄道面に対して、なんと44度も傾いた楕円軌道を、約560年かけて公転しています。この天体の発見こそ、人類が惑星の定義を考えるきっかけになり、そして冥王星を惑星から外すこととなった直接の事件でした。太陽系外縁天体は衛星を持っている割合が高いのですが、エリスもディスノミアと呼ばれる衛星をひとつ持っています。

マケマケはイースター島の創造神に因《ちな》む名前で、2005年に発見された冥王星型天体です。直径は1500㎞程度と推定され、22度ほど傾いた楕円軌道を、約307年の周期で公転しています。やはり衛星を持っているようです。

ハウメアは、スペインのシエラ・ネバダ天文台で発見された天体で、2個の衛星を持っています。ハワイ諸島の豊穣の女神ハウメアに因んだもので、衛星も神話上の子どもからヒイアカ、ナマカと命名されています。28度ほど傾いた楕円軌道を、約282年で公転しています。ハウメアは自転周期が4時間と早く、大きさは2000㎞×1500㎞×1000㎞の三軸不等の形状であるとされています。

探査機が明らかにした冥王星の素顔

冥王星は冥王星型天体として、原始惑星並みに成長して球状になっていますので、一旦は内部が溶けて分化しており、ある程度の地質学的活動は初期にはあったはずです。しかし、放射性壊変元素を含む岩石なども少ない上に、なんといっても月よりも小さな天体ですので、そうした活動はとうの昔に終わって、冷えきってしまった天体と考えられていました。ところが、その予想は見事に裏切られました。2015年7月にアメリカの探査機ニュー・ホライズンズ

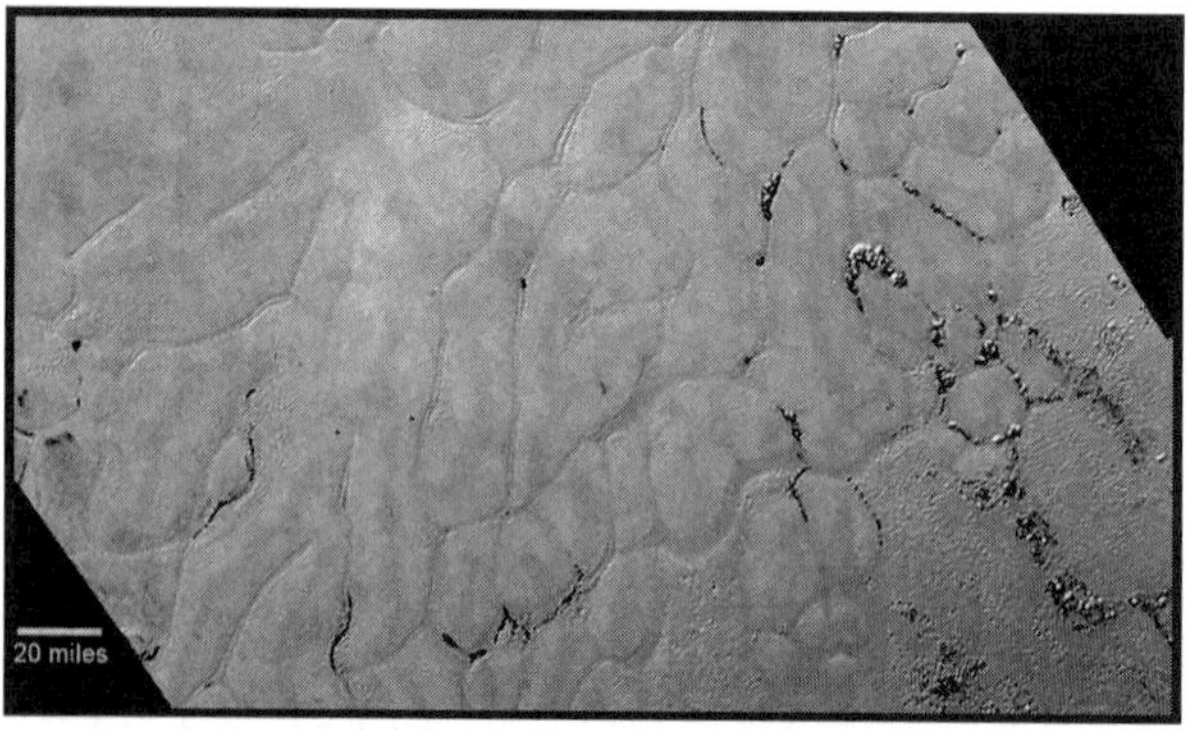

ハートマーク付近の拡大写真。なめらかな表面に不思議なパターンが見える
NASA/Johns Hopkins University Applied Physics Laboratory/Southwest Research Institute

が冥王星に接近したところ、驚くほど活発な地質学的活動が、かなり最近まであったと推定される証拠が次々と見つかったのです。

その最たるものは、探査機のカメラが捉えた表面の新しい領域の存在です。茶褐色の表面（メタンなどが宇宙線や太陽の紫外線にさらされ、複雑な有機物質になった領域）のところどころに黒い領域や白い領域があり、特に「ハートのマーク」のように見える白い領域にはクレーターがほとんどありませんでした。これはごく最近、少なくとも1億年から1000万年前後にできた窒素の氷の平原のようです。クローズアップ画像では、窒素の氷河（氷床）の流れた跡らしき地形や、不思議なパターン模様も目立ちます。このパターンは流体として流れながら凍りついたパターンか、地下で窒素が対流を起こしているためにできた模様とも考えられています。温度がセ氏マイナス200度を下回るような極寒の地で、液体が存在できるか疑問に思うかもしれませんが、窒素であればある程度の流動性は確保できます。探査機の画像からは、はるか昔、大気が多くて、温度が高かった頃にできたと考えられる、液体窒素の湖跡も発見されています。

こうした平坦で新しい領域の端の方には、なんだか寄せ集められたような巨大なブロック状の山々が存在します。盛り上がったがれきのような無秩序な領域で、高さが数㎞もある富士山級の角ばったブロックが乱雑に数十㎞にわたって連なっているのです。まるで地球でいえば海に浮かぶ氷山のようですが、スケールがまったく違います。冥王星の山々の正体は、巨大な氷(水)の塊であり、窒素が凍った氷の「海」に浮いている状況のように思われます。窒素や一酸化炭素の氷の海に比べて、水の氷は密度が低いので、その「海」から頭を出して浮かんでいるらしいのです。

一方、その山塊の近くには巨大な裂け目も見られます。いわば表面のひび割れのような地形ですが、同様の地形は実は水星にも見られます。こうした溝は、冥王星全体の膨張によるものだという説明が可能です。冷えて凍っていくとき、地下の水の海が氷となって膨張したのかもしれません。つまり、冥王星の殻の下には最近まで液体の海が隠れていた可能性を示しているのです。

さらに驚きなのは、冥王星の南極付近にある大きな窪みです。もしかすると、氷の火山のカルデラではないか、とされているのです。窪みは、2つの山の頂にあり、どちらも高さは数㎞ですが、その裾野は100㎞に及びます。ハワイにある楯状火山のようなスケールです。もちろん溶岩ではなく、一酸化炭素や水の氷を含んだ液体窒素の混ざったものが噴き出してきたと考えられます。これが本当なら、太陽系最遠の氷火山の痕跡です。いずれにしろ、こうした地形はまったく予想していなかったものです。それにしても、熱源は何なのでしょう。探査により逆に謎が増えてしまった感があります。

ところで、ニュー・ホライズンズ探査機は冥王星から離れるとき、太陽に対して背後に回り込み、冥王星の大気を観測しました。もともと冥王星には窒素を主成分とする希薄な大気があることはわかっていましたが、地球の大気のように太陽の青い光を散乱して、青く輝いている様子が観測されました。冥王星にも地球と同じように青空があったというわけです。大気が思っていたよりもさらに希薄だったことも予想外のことでした。不純物であるシアン化水素が温度を下げるのに役立っていて、そのために窒素を含む大気が逃げていくのを防いでいるようです。

ニュー・ホライズンズ探査機は、2019年1月1日にさらに外側にある太陽系外縁天体2014MU69に接近し、観測を行う予定です。冥王星よりも小さな太陽系外縁天体の素顔が明らかになることでしょう。

太陽系外縁部、その先へ

太陽系外縁天体は、いまでも続々と発見されています。それによって太陽系外縁天体、そして散乱円盤天体と、その先が少しずつ見え始めています。太陽系外縁天体の軌道が、エッジワース・カイパーベルトと呼ばれる帯に集中していること、帯から遠くにはみ出している軌道を持つ天体も、近日点は帯の中にあるので、その出自はエッジワース・カイパーベルトであることは紹介しました。すると、太陽系の天体の分布としては、極端に遠方にあるオールトの雲の天体を除けば、この帯こそが最も外側の構造なのかもしれないというアイデアが湧いてきます。20世紀末には、太陽系の研究者の中に、そんな思いが共有されるようになっていきました。われわれは、ついに太陽系の果てを見たのではないかという思いです。原始太陽系円盤から生まれ、その円盤の名残である黄道面に存在する天体群としては（そこからはね飛ばされたオールトの雲の天体を別にして）、このエッジワース・カイパーベルトにある太陽系外縁天体が最果てと考えるようになっていったのです。

しかし、これも束の間の思い上がりだったことが21世紀に入って明らかになりました。2003年に発見されたひとつの太陽系外縁天体が、その思い込みを打ち破ってしまったのです。

その天体がセドナです。セドナの軌道は散乱円盤天体に似ていて、きわめて細長いのですが、近日点の距離が約76天文単位と、エッジワース・カイパーベルトには帰ってこない、もっと外側の軌道だったのです。遠日点はなんと約900天文単位もあり、太陽を一周する周期は1万年を超えています。発見者を含む研究グループは、セドナが散乱円盤天体ではなく、オールトの雲とエッジワース・カイパーベルトの中間にあると想定される、「内部オールト雲」に属する天体と主張しています。完全にエッジワース・カイパーベルトから切り離されているという意味で、Distant Detached Objects（DDO）などの分類名も使われるようになっていますが、日本語訳はまだありません。

いずれにしろ、発見されたときセドナは近日点付近にありました。これが約5000年前、あるいは5000年後だったら、どうだったかというと、セドナは遠日点付近の900天文単位という場所にあることになって、いくらその直径が1000㎞ほどとかなり大きいとはいえ、現在のわれわれ人類が持つ観測技術では発見することはほぼ不可能だったでしょう。つまり、たまたま近日点付近にセドナがあったので、発見できたということになります。

こうした新しい種類の天体がひとつ見つかると、その裏に同様の天体がたくさん存在していることは容易に想像されます。セドナのような天体が、まだわれわれには見えないだけで、たくさんあるのではないかと、考えを切り替えざるを得ないわけです。セドナの発見によって、われわれは太陽系の地平線はまだまだ広がっている最中だったことを思い知らされたわけです。

実際、セドナと同じような天体も見つかり始めています。２０１４年3月には、近日点距離が約80天文単位、遠日点は約４４０天文単位、軌道周期が約４３００年というＤＤＯ、2012VP113が発見されています。周期が数千年あるいは数万年という単位になってくるにしたがって、こうした天体が近日点付近にいて観測できるようにならないと発見できない現状を考えると、ＤＤＯをすべて探し出し、その軌道の分布が調べられるようになるのは、相当先のことになるかもしれません。

太陽系外縁部には未知の巨大天体はあるか

太陽系外縁部の姿が見えてくるにつれ、太陽系外縁天体の軌道の分布についても研究が進んできました。軌道の分布というのは、その天体群の生きてきた歴史に関する貴重な情報を含んでいます。太陽系外縁天体、エッジワース・カイパーベルトの天体は、一般に黄道面からの傾きが大きく、しかも細長い楕円軌道を持つものも多いこと、それに海王星と２：１あるいは３：２の周期比を持つ共鳴天体も多いことから、内側の海王星がじわじわと外側に移動してきた歴史を物語っていることは、前にも紹介しましたが、理由はそれだけとは限らないと考える研究者も少なくありません。

それに先鞭《せんべん》をつけたのが神戸大学の研究グループでした。太陽系外縁天体の軌道分布で、いわゆるエッジワース・カイパーベルトが50天文単位で途切れているように見えること、それよりも遠方、つまり海王星の影響が小さいはずの領域にも大きく歪んだ軌道や大きく傾いた軌道を持つ天体があることは、実は海王星だけではうまく説明できません。彼らは、未知の大型天体（「惑星X」と呼んでいます）の存在を仮定することで、現在の軌道分布をうまく説明できることを示したのです。この論文は２００８年に発表され、大きく報道されました。

彼らのシナリオは以下の通りです。太陽系形成初期に、当時の天王星・海王星軌道付近に「惑星X」が成長しつつあったのですが、天王星と海王星の引力で遠方に飛ばされてしまい、海王星と６：１の共鳴軌道（海王星6公転の時間で1公転する軌道）に捕獲されたというのです。当時の海王星は、現在の位置よりも10天文単位ほど内側にあったのですが、じわじわと外側に移動してくると、「惑星X」も80天文単位以遠に移動しました。同時に、太陽系外縁天体の軌道進化を、この仮定のもとにコンピューターシミュレーションしたところ、現在観測されている分布を再現できたのです。この「惑星X」は地球の０・３〜０・７倍ほどの質量を持ち、サイズは地球よりもやや小さい氷惑星で、現在は近日点距離80天文単位以上、遠日点距離は１２０〜２７０天文単位の楕円軌道を巡っていて、軌道の傾きは20〜40度とされています。

それから2年後の、２０１０年11月には、木星より大きな天体がさらに遠方のオールトの雲の距離に存在するのではないか、という研究成果がアメリカの研究者によって発表されました。この天体はギリシア神話の幸運の神の名前から「テュケー」と仮に名づけられています。こちらはオールトの雲からやってくる長周期彗星の軌道を解析し、その遠日点の分布がランダムではないことから導き出したものです。15000天文単位の距離に木星よりも大きな質量の天体が存在しているとすると、遠日点分布を説明できるというのです。周期が180万年ほどで、その質量は褐色矮星《わいせい》程度から木星の4倍までとされています。

「惑星X」や「テュケー」が見つかるかもしれないと筆者が期待したのが、アメリカNASAの赤外線天文衛星ワイズでした。2009年にデルタⅡロケットで打ち上げられ、赤外線望遠鏡を搭載し、それまでにない高い感度で全天をくまなくサーベイする宇宙望遠鏡です。遠方の赤外線が強い銀河や星生成領域などの他、小惑星や彗星など地球の近傍天体も一網打尽にできる能力を持っています。2011年にミッションは終了しましたが、そのデータから、太陽より26000天文単位以内に新たな木星質量以上の天体は存在しないこと、10000天文単位以内では土星質量の天体も存在しないとの研究結果がまとめられています。これは「テュケー」の存在は否定することになりますが、今のところ「惑星X」の存在は除外されていません。

太陽系外縁部に未知の第9惑星はあるか

この間にも、新しい太陽系外縁天体の発見が続いています。特に遠方まで飛び出すような細長い楕円軌道を持つ散乱円盤天体も増えてきました。2008年の神戸大学の研究グループが注目していた極端な軌道を持つ散乱円盤天体も、2012年に一つ、2013年に一つ、そしてDDOも一つ増えて、その数は倍増しました。2016年1月、こうした天体の発見を主導しているカリフォルニア工科大学の研究グループは、遠方にまで到達するそれら6個の天体の軌道に、不思議な特徴があることに気づきました。どう見ても、その軌道が一方に偏っているのです。それぞれ軌道の大きさ、歪み具合、遠日点の距離は異なるのですが、その向きが同じ方向にあったのです。その上、6天体の軌道の傾きもかなり一致していました。

彼らは、これが偶然かどうかを調べてみました。ランダムな軌道の分布が、このように集中する確率は、わずか0・007%だというのです。これは何らかの理由があってこうなっているとしか思えません。そう考えた研究チームは、太陽系外縁部の天体の軌道進化のシミュレーションを行い、このような軌道の偏りができる原因を探りました。すると、近日点がこれらの6天体とは180度逆の方向にあって、しかも楕円軌道で公転している質量の大きい未知の天体が存在すると仮定すれば、偏った軌道分布が説明できることがわかったのです。この天体を彼らは「第9惑星」と呼んでいます。実は、冥王星が第9惑星でなくなったきっかけをつくった太陽系外縁天体エリスを発見したのも、同じカリフォルニア工科大学のグループでした。ですので、自分たちが失った第9惑星を自分たちで発見したい、蘇《よみがえ》らせたいという思いが強いのかもしれません。

いずれにしろ、彼らの研究では「第9惑星」は相当に遠方にあり、周期は1万年から2万年という軌道です。その質量は地球の10倍程度、直径は地球の3倍程度とされています。これだけの大きさを持っていて、なおかつ彼らのシミュレーションが正しければ、その軌道の周囲から同様の天体をはじき飛ばしているわけですので、現在の国際天文学連合の定義からも「惑星」になる可能性は高いと言えるでしょう。また、「第9惑星」の存在は、セドナや小惑星2012VP113といった非常に遠い天体の軌道だけでなく、黄道面とほぼ垂直な軌道を運動する太陽系外縁天体の存在も予測するのですが、実際に4つほどの極端に傾いた天体が見つかっています。

この研究成果は、多くの研究者を刺激し、続々と新しい研究成果が生み出されつつあります。3ヶ月後にはハーバード・スミソニアン天体物理学センターの研究者らが、土星探査機カッシーニにより「第9惑星」の存在する兆候を調べ、確かに存在しそうであること、そしてくじら座の方向から、おうし座、うお座にかけての可能性が高いとしています。

しかし、「第9惑星」が存在するとすれば、これまでの惑星形成論からいってかなり無理があるという見解も示されています。5月には同じハーバード・スミソニアン天体物理学センターの別の研究者らによって、「第9惑星」の誕生のいくつかのシナリオを計算した結果が公表されました。まず、その場でできたという説はすぐに否定されます。材料もありませんし、もともと惑星成長が遅いからです。2つ目のシナリオは他の恒星が近づいてきて、内側にあった惑星の軌道を変えて、外側に移動させたというものです。しかし、影響を受ける惑星はほとんど太陽系外に放り出されてしまい、うまく「第9惑星」の軌道に残る確率は少ないというのです。

一方、スウェーデン・ルンド大学の研究チームは、太陽系が星団の一員として生まれた頃に、他の恒星の周りを回っていた惑星を太陽の引力で「盗み取った」のではないか、という大胆な説を発表しています。星団で生まれた恒星は、お互いに接近遭遇を繰り返し、その間に惑星をやりとりしたりすることは十分に考えられるからです。

太陽系の果てのまだ見ぬ「第9惑星」は果たして本当に存在するのでしょうか？　理論的な研究だけでなく、観測的に「第9惑星」を探そうという試みも始まりつつあります。特に、「第9惑星」の存在を提唱したグループは、すでにすばる望遠鏡を用いて捜索しています。光を捉える電子撮像素子の感度は、ほぼ限界に達し、素子の大型化が進むと同時に、小さな素子を並べて面積を稼ぐことで観測効率を上げているのですが、現在、世界の大口径望遠鏡の中で、最も広い視野を持ち、かすかな天体を一網打尽にできるのは、すばる望遠鏡の超広視野主焦点カメラ（ハイパーシュプリームカム、ＨＳＣ）だけです。一方、アメリカは南米チリにこうした捜索専用の望遠鏡ＬＳＳＴを現在、建設中です。どんどん新しい望遠鏡ができて、人類が宇宙を見る目がさらに良くなりつつあるのです。

本当に「第９惑星」があるのなら、なにがしかの発見の報を聞くことができるのは、それほど遠い未来ではないのかもしれません。まだ見えない太陽系の果てにはいったい何があるのか、ロマンは尽きません。

あとがき

本書は、われわれが住む地球を含む太陽系について、その理解がどのように進んできたか、現在、どこまでわかっているのか、そしてまだわからない部分はどこかを流れの基本に据え、惑星科学の基本を説き起こしたものです。基礎的な解説には、これまで筆者が執筆した次頁の参考書籍の一部を再録・再構成した部分も多いのですが、日進月歩で明らかになりつつある惑星科学の最新情報については書き下ろしで紹介しています。全体を通して、現在の太陽系の基礎的な概念をつかみつつ、最新の理解につながるように工夫しています。

さらに新書では珍しいことですが、それぞれの天体について、観察や観測の方法を紹介しています。本書を楽しみながらお読みいただき、まだまだ謎に満ちた太陽系の現状を知っていただくと同時に、例えば夏休みの自由研究などにも活かしてもらえれば幸いです。

2016年6月　　国立天文台三鷹にて　　渡部潤一

〈参考文献〉

『巨大彗星が木星に激突するとき』
『彗星、地球へ大接近！』
『ヘール・ボップ彗星がやってくる』
『しし座流星雨がやってくる』
『巨大彗星－アイソン彗星がやってくる』（以上、誠文堂新光社）
『新しい太陽系』（新潮新書）
『面白いほど宇宙がわかる15の言の葉』（小学館101新書）
『ガリレオがひらいた宇宙のとびら』（旬報社）
『夜空からはじまる天文学入門』（化学同人）
『みんなで見ようガリレオの宇宙』（岩波ジュニア新書、若松謙一・渡部潤一共著）
『星と宇宙の通になる本』（オーエス出版、渡部好恵・渡部潤一共著）
『太陽系の果てを探る　第十番惑星は存在するか』（東京大学出版会、渡部潤一・布施哲治共著）
『天文・宇宙の科学　太陽系・惑星科学』（大日本図書）
『天文・宇宙の科学　天体観測入門』（同右）
『大彗星、現る。一生に一度の巨大彗星を見逃すな！』（KKベストセラーズ、吉田誠一・渡部潤一共著）
『太陽系惑星の謎を解く』（C&R研究所、池内了監修、渡部好恵著）

渡部潤一 わたなべ・じゅんいち
1960年福島県生まれ。東京大学理学部天文学科卒。総合研究大学院大学物理科学研究科天文科学専攻教授。国立天文台副台長。専門は太陽系の中の小さな天体(彗星、小惑星、流星など)の観測的研究。特に彗星を中心に太陽系構造の進化に迫る。2006年、国際天文学連合「惑星の定義委員会」委員となり、冥王星の惑星からの除外を決定した最終メンバーの1人。

渡部好恵 わたなべ・よしえ
神奈川県生まれ。サイエンスライター。東レ基礎研究所、蛋白工学研究所を経て現職。天文雑誌やウェブサイトにて、天文宇宙分野を中心に執筆活動を行っている。

朝日新書
574
最新《さいしん》 惑星入門《わくせいにゅうもん》

2016年7月30日第1刷発行

著者 渡部潤一
渡部好恵
発行者 友澤和子
カバーデザイン アンスガー・フォルマー 田嶋佳子
印刷所 凸版印刷株式会社
発行所 朝日新聞出版
〒104-8011 東京都中央区築地5-3-2
電話 03-5541-8832(編集)
03-5540-7793(販売)

Published in Japan by Asahi Shimbun Publications Inc.
ISBN 978-4-02-273674-1
定価はカバーに表示してあります。